茶盏里的寄托

濬文
Revival

茶盏里的寄托

王仁湘◎著

山西出版传媒集团　三晋出版社

引言：茶的故乡

壹 茶学

1. 茶圣与《茶经》-002
2. 茶字的变化 -012
3. 茶树培育 -027
4. 采摘 -033
5. 蒸焙与炒焙 -037
6. 茶与中国文化 -041

贰 茶品

1. 龙团凤饼说贡茶 -056
2. 历代名茶 -063
3. 五彩香茗 -068
4. 锦上添花的花香茶 -080

叁 茶具

1. 演变与发展 -086
2. 精美绝伦的金笼银碾 -104

3 独特功用的兔毫、油滴、鹧鸪斑盏 -112

4 小巧玲珑的紫砂器 -118

肆 茶艺

1 冲点有方 -128

2 精鉴与品饮 -140

3 斗茶 -150

4 清幽雅致 -162

5 茶馆 -169

6 茶趣 -178

7 茶俗 -188

伍 清心健体之饮

1 万病之药 -200

2 保健良方 -204

3 涤烦清心 -208

4 儒、道、佛与饮茶 -211

5 茶食 -219

陆　芳泽润五洲

1　"丝茶之路" –226
2　茶道在日本 –230
3　茶与西方文化 –233
4　茶在遥远的国度 –237

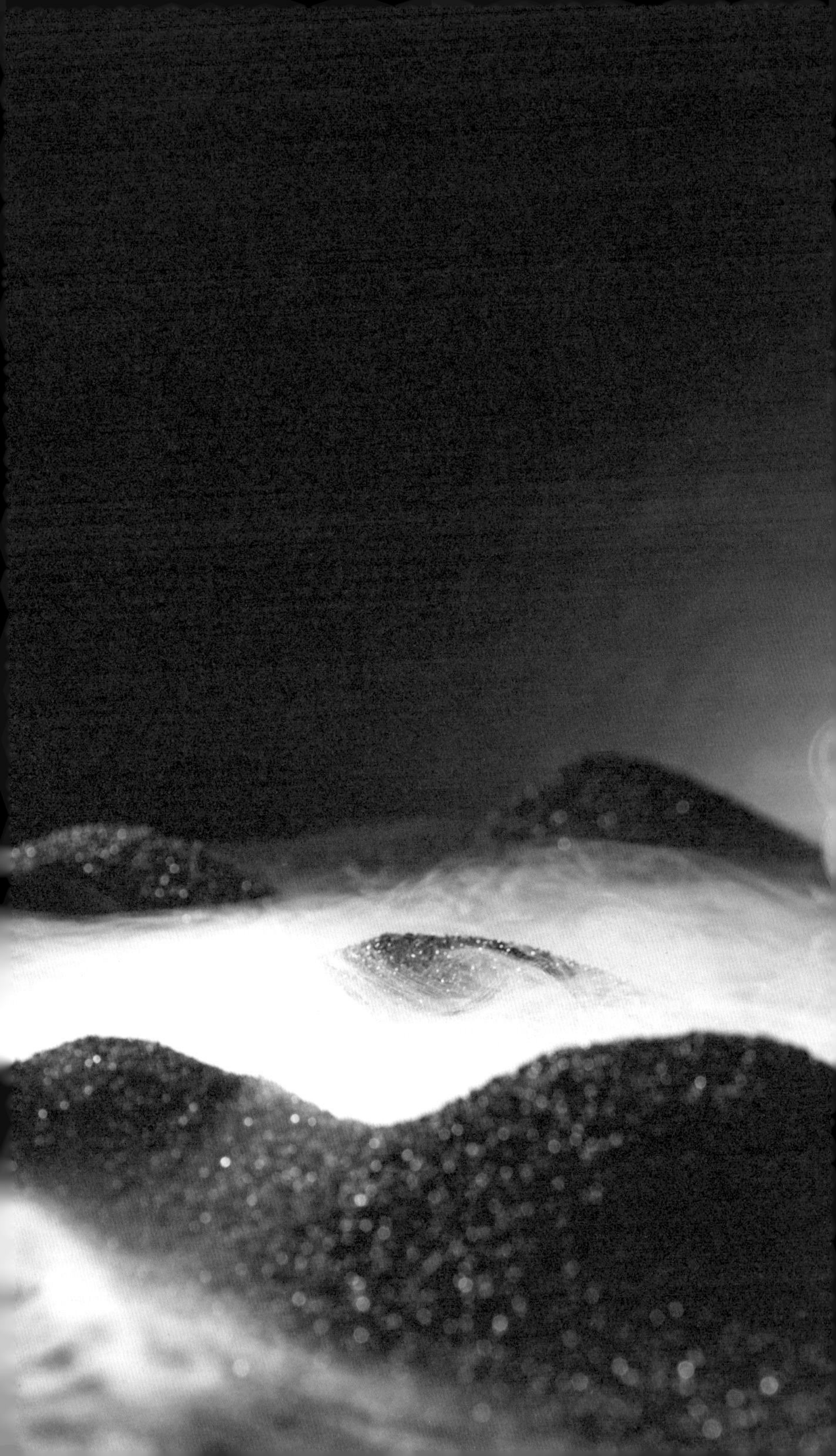

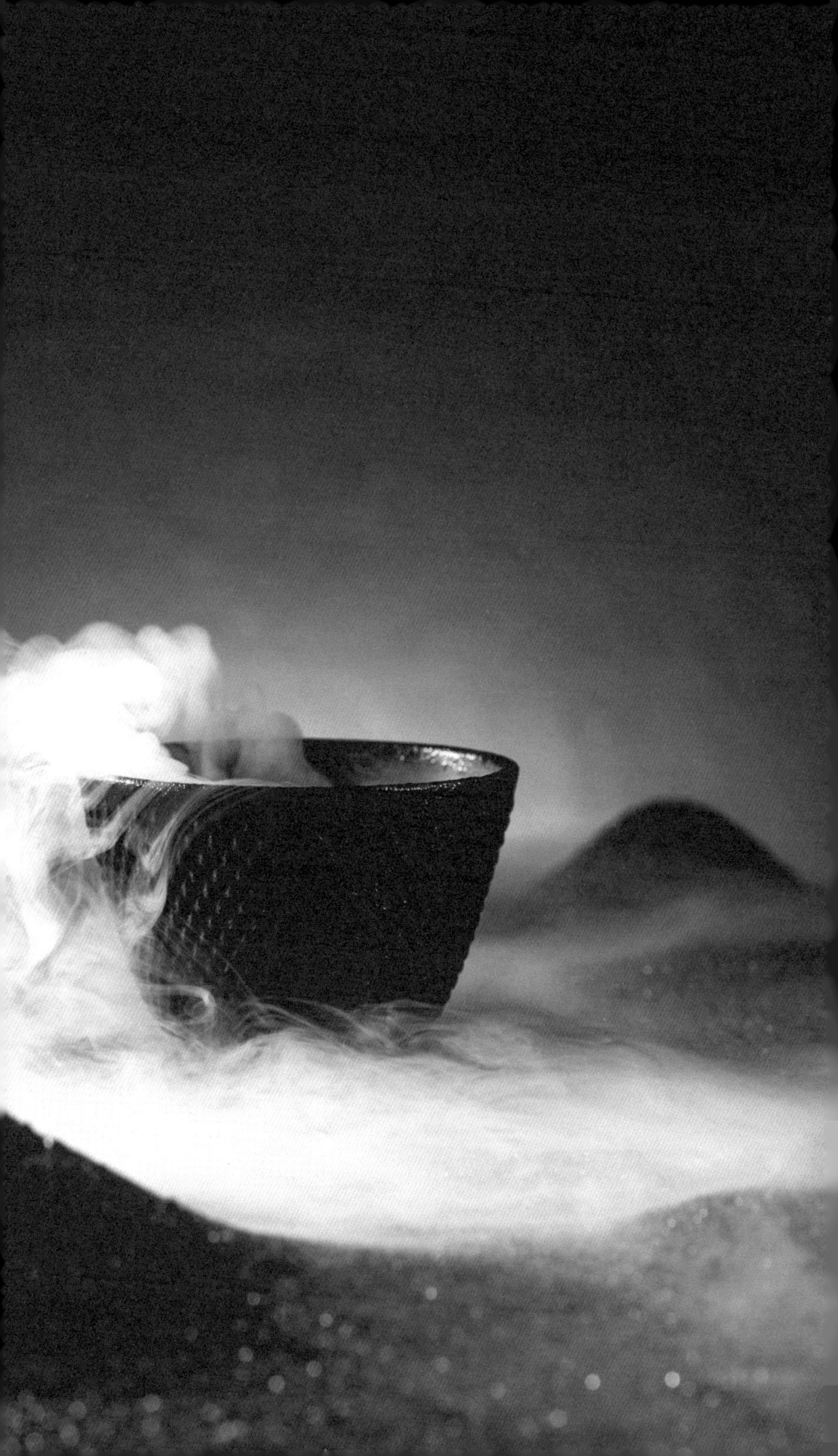

引言：茶的故乡

茶叶、咖啡和可可，是当今世界重要的三大无酒精饮料。现在世界上生产茶叶的国家有 50 多个，茶叶年产总量可达到 500 多万吨。中国是茶叶生产第一大国，产量占全球的近二分之一。

中国是茶的故乡。茶的栽培和饮用，为古代中国人所首创。世界各地最早饮用的茶叶、引入的茶种以及栽培技术、加工工艺、饮用方法等，都直接或间接源于中国。

中国古人将茶树称为"嘉木"，而对茶的称呼则有一些时代上的或地域上的变化。如汉代时称茶为"荈""诧""蔎""荼"，两晋南北朝时称"茗""槚""诧"等。唐代陆羽撰《茶经》，述茶名有五："一曰茶，二曰槚，三曰蔎，四曰茗，五曰荈"，他主张以"茶"为专名，最终确定了它的音、形、义。茶为"荼"字减去一笔而成，发音也取自"荼"的另一音，读作"chá"。

中国地域辽阔，在茶字的发音上虽然大致相似，但也有些细微差别。这些差别，直接影响到茶在不同国度的读音。

广州话读茶为 Cha。

福州人读茶发音为 Ta。

厦门人和汕头人读茶发音为 Te。

内陆地区读出的是 Chai，是"茶叶"两字的发音。

国外许多地区对中国茶的叫法，其实都没有离开这几个发音范围，茶叶在输入这些地区时，茶名也随之进入这些地区。18 世纪中叶，瑞典植物学家林奈将茶树学命名为 Thea sinensis，即"中国的茶树"之意，其发音正是参照闽南地区而定，欧洲很多国家都以此为依据定名发音。

下面就是一些重要的用茶国家和地区茶的写法：

Thee——荷兰、德国；

Tea——英国、美国；

The——法国；

Te——意大利、西班牙、马来西亚、匈牙利、捷克、丹麦、挪威、瑞典；

Thay——斯里兰卡；

Ta——朝鲜；

Cha——日本、泰国、越南、印度、伊朗、葡萄牙；

Chai——俄罗斯、蒙古；

Shai——阿拉伯；

Chay——土耳其、伊朗。

茶的故乡在中国，由茶名的传播看，已是非常明白。

中国人以茶为药，采茶为饮，中国是最先发现并利用茶的国家，也是古代茶学最发达的国家。且不说神农尝百草得"荼"的古老传说，至迟在汉代初年，茶已明确见于文献记述了。《诗经》有"谁谓荼苦，其甘如荠"，毛亨认为"荼，即茶也"。所以，严格地讲，描写茶茗的诗文早于汉代，或者至少认为以茶隐喻的文字早于汉代。

到了唐代，中国有了世界上第一部茶学专著，这便是陆羽的三卷《茶经》。茶学也因此成为高雅的学问，研究者辈出，甚至有的帝王也撰写过茶学专著。所以我们说，茶学的故乡在中国。

现代五大洲都有茶树种植，出产茶叶最多的地区是亚洲。茶树的原产地在中国，中国西南地区是茶树原产地的中心区域，也是最早普及茶饮的地区。中国古今都发现有野茶树生长，唐宋时期的文献就有发现野生大茶树的记录。现在仍有野茶树生长的地点数百处，遍布南方10个省区，主要集中在北纬30°以南，与山茶属的地理分布相一致。野生茶树分布最集中的是云贵川地区，那里发现不少干径在100厘米以上、高20米以上的野茶树。野生茶树为栽培茶树提供了重要的前提条件，也是判定茶树原产地的重要证据。茶学家们正是由野生茶树的发现进一步论证了茶的故乡在中国。

茶作为一种饮品，改变了中国人的生活，也改变了中国以外人们的生活，它曾被认为是"人类的救世主之一"，是"东方赐予西方的最好礼物"。古代中国人以茶代酒，而欧洲人引进茶叶起初主要也是出于拯救病酒者。

我们还看到，茶不仅仅是一种饮品，它的功用并不仅限于润喉解渴，中国人赋予了它丰富的文化内涵，它改变了东方人的精神生活，也多多少少改变了西方人的精神生活。

茶的故乡在中国。中国人将茶献给了全世界，用香茗的芳泽滋润了中华，也滋润了世界。

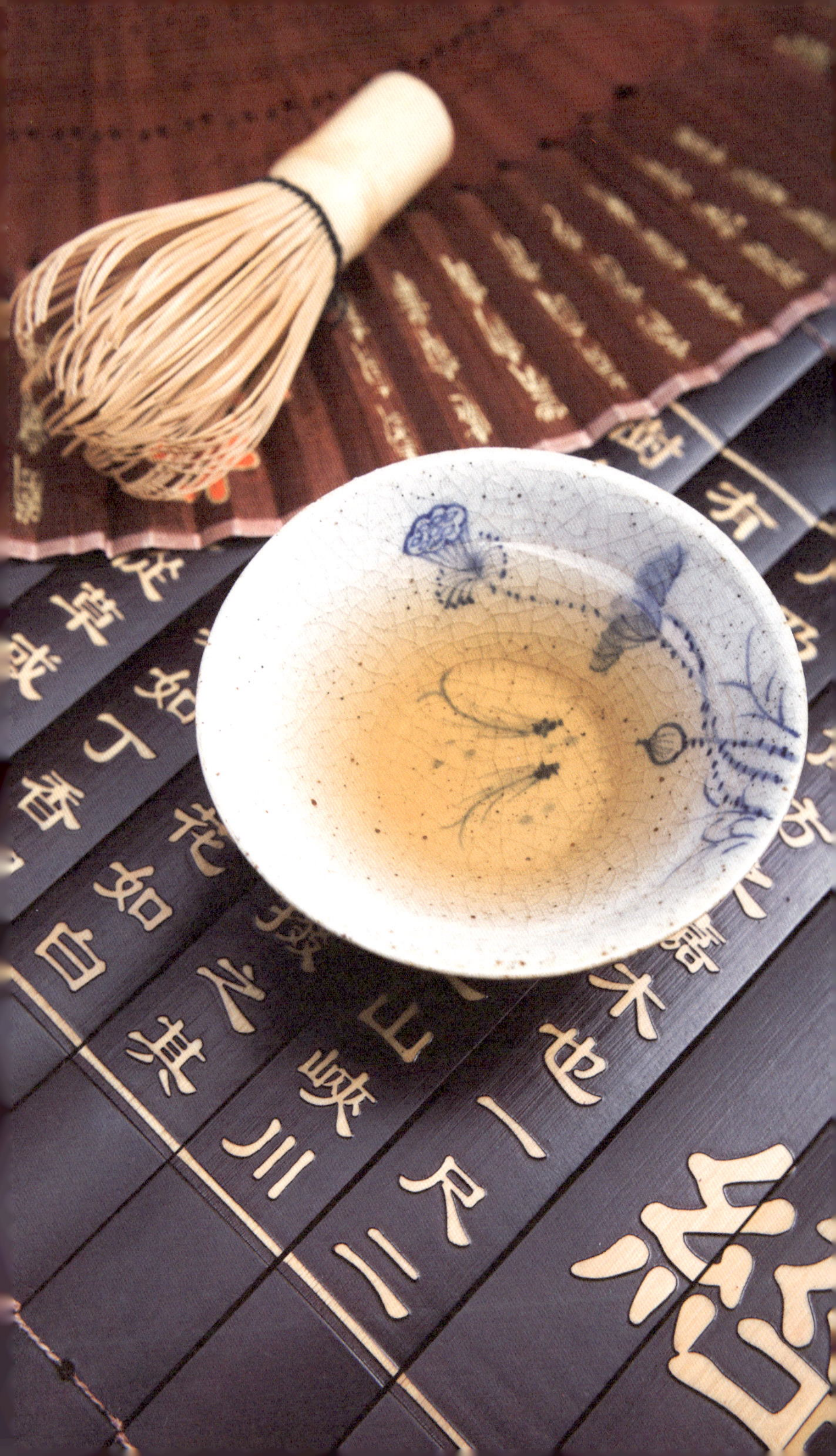

木也一尺二
山峡川
之其
花如白
如丁香

壹 茶学

茶里有丰富的学问。茶树的培育、茶叶的采摘与加工、茶水的选择与冲点、饮茶的方式与环境、茶礼与茶俗又属文化的范畴。

中国在唐代时就有了茶学专家,也有了伟大的茶学著作,这就是陆羽和他的《茶经》。《茶经》奠定了中国茶学的根基,《茶经》赋予茶科学的内涵,同时又赋予茶文化的精蕴。没有《茶经》,古代茶学不会形成系统,现代茶饮也不会在全球普及,我们不能忘记陆羽的功绩。

1 茶圣与《茶经》

中国人没有忘记陆羽，尊陆羽为茶圣、茶神、茶仙。

陆羽，字鸿渐，自称桑苎翁，又号东冈子。他是唐代复州竟陵（今湖北天门）人，生于开元盛世，卒于贞元末年。陆羽生来并无仙骨圣体，从小就遭遇不幸。据《新唐书·陆羽传》和《唐才子传》记述，他本是一个可怜的弃婴，被僧人收养在寺庙中。

那是在一个清晨，竟陵龙盖寺智积禅师从郊外小石桥经过，听到桥下群雁哀鸣，近前看到一群大雁用翅膀护卫着一个男婴，智积将冻得发抖的男婴抱回寺中，这个男婴就是陆羽。后来，这座石桥被称为古雁桥，附近的街道称为雁叫街，至今遗迹尚存。

智积是唐代高僧，陆羽长大后在智积身边煮茶奉水，他的名字也是智积占卜所取。智积以《易经》占得"渐"卦，卦辞上说"鸿渐于陆，其羽可用为仪"。于是取"陆"为姓，"羽"为名，以"鸿渐"为字。

陆羽长大后从寺庙出走，埋名隐姓，曾学演过杂剧，做过伶师。大约在20岁时，陆羽开始关注茶学，曾往巴山峡江考察茶事。不久又到了升州（今南京）、丹阳。于上元元年（760）隐居苕溪（今浙江吴兴），

元·赵原《陆羽烹茶图》

自称桑苎翁,阖门专心著述。在此期间,曾被朝廷召为太子文学和太常寺太祝,均未赴任。

陆羽居苕溪,身披短褐,脚穿藤鞋,深入茶户,采茶觅泉,多有心得。他生性嗜茶,悉心钻研茶学,用了一年左右的时间,撰成世界上第一部茶学著作,这时他才28岁。之后的十多年,他又多次补充修订,最终定稿。不惑之年的陆羽终于交给历史一部伟大的

《茶经》书影

著作。

《茶经》刊出1200多年以来,屡经翻刻,一版再版。据不完全统计,现存藏本一百六七十种,散佚版本更不知有多少。《茶经》的影响随着茶的传播遍及世界,日、韩、美、英等国都有许多藏本和译本。

《茶经》集中唐以前茶学之大成,是中国古代第一部茶学百科全书。它追本寻源,首先论及茶的历史名称、茶树的种植方法及茶叶的性味,还列举了分辨茶叶品质的一些基本标准。

唐时以野生茶叶为上品,园圃种植者稍次。野生茶中又以向阳山坡林荫生长的紫茶为上,色绿者次之。观察茶叶叶片形态,又以反卷者为佳,平舒者次之。这是陆羽认为的标准,也是唐时通行的标准。

陆羽在《茶经》中说,茶味性寒,是败火的最佳饮品,不仅能解热渴,还可去烦闷,舒关节,长精神。陆羽还指出,如果茶叶采摘不当,制作欠精,那样的茶饮了不仅对人无益,反会使人生病。

读《茶经》可知,中国古代的茶学至迟在唐中叶已形成一套完整的体系,采茶、制茶、藏茶、烹茶、饮茶都有明确的规范,非常严谨。以烹茶为例,首先要求制备合适的茶具,包括炉、釜、碾、杯、碗等,形制和颜色都有法度。唐代茶具陆续见有出土,长安西明寺遗址曾发现过大茶碾,西安和平门外发现过7件银质茶盏托。

天门西湖陆羽雕像

唐代茶具最重要的发现，是在陕西扶风法门寺地宫。出土的茶具均为银器，有烹汤用的风炉、鍑、匙、则、熟盂；有点茶用的汤瓶、调达子；有碾茶用的碾与碾轴、茶罗；有贮茶用的盒，还有贮盐用的簋、盐台，有烘茶用的笼子，有饮茶用的茶托、茶杯等，品种已成体系。这是一次空前的发现，对茶史的研究极有意义，它为我们还原唐代皇家饮茶风范提供了参考。

按陆羽的说法，茶要好，烤茶的炭火也要好。茶叶在蒸捣后，用模具压制成饼状，饮用时先须用炭火烤热，但不能用染有腥膻气的木炭和朽木为燃料。茶叶烤热后要马上用纸袋封好，以防香气挥发，要等到冷却后碾成细末备用。现在南方一些少数民族烹茶，也有烤茶这道程序，应当是传承了唐人饮法。

陆羽对茶品的要求很高，对水品的要求也极高。任何饮品都离不了基本原料水，水的品质对饮品的品质起着决定性的作用。陆羽认为烹茶以山水最好，山水又以乳泉漫流者为上品。煮水也很有学问，陆羽总结有"三沸"之法，唐代不少人也做过专门研究，对此我们留待后文细说。

陆羽在《茶经》中说"茶有九难"，难在造茶、辨茶、茶具、炭火、选水、炙茶、碾茶、煮茶、饮啜。无论哪个环节出了差错，都难以饮到好茶。珍鲜香烈的美茶，一炉只烹得三碗，至多五碗。饮者在五人以上，就用这三碗传饮，这种方式可能承自更古的传杯饮酒。这二者的区别只是在于致清导和地饮茶与饮酒所造成的气氛完全不同，结果也就不一样。

陆羽的《茶经》在历史上第一次系统地阐释了茶学，阐释了科学的茶学和文化的茶学。植茶与制茶，是实践科学，而烹茶与饮茶，更强调文化属性。陆羽首倡艺术地饮茶，创造了从烤茶、选水、烹汤、列具、品饮一整套茶艺，将精神贯注于茶事过程，强调茶人所具备的品质，将饮茶作为修养德行、陶冶情操的一种方法。

《茶经》问世后，对唐人的饮食生活产生了重大影响，人们由此更加了解茶，也更爱饮茶了。唐人爱茶，有"比屋之饮"的形容，南方家家户户，不论贫富贵贱都饮茶。宋人有诗云："自从陆羽生人间，

五代瓷塑陆羽像　　宋代陆羽瓷塑像（出自新安沉船）

天门茶经楼远眺

人间相学事春茶。"陆羽几乎成了茶的代名。

　　人们爱茶,也爱陆羽,陆羽去世后,唐人用瓷土烧制陆羽像,供奉在灶釜左右,视为茶神。在陆羽故乡天门,耸立着他高大的雕像供人凭吊,建有宏伟的茶经楼纪念这位茶圣。

《御撰大观茶论》书影

继陆羽之后，历代研习茶学者颇多，相继有许多茶学著作问世。同样以"茶经"为名的著作就有多部，还有一些《茶经》的续篇，内容大体与陆羽《茶经》相似，偶有发明而已。唐及唐以后比较重要的茶学著作，可以列举以下数部为代表。

唐张又新《煎茶水记》。作者通过亲自品尝，将水品分为二十等，阐述茶与水的密切关系，强调了烹茶择水的重要性。张又新特别提到，用产茶地的水烹茶最宜。他的看法与陆羽不大相同。

唐苏廙《十六汤品》，著录在《清异录》中。作者以茶汤为中心，对煎汤时间的长短、注汤的缓急、盛汤器皿的质地、烹茶燃料的品种提出了见解，颇有参考价值。

宋蔡襄《茶录》（上下篇）。上篇述茶，下篇论器，对茶叶的贮藏、烹饮方法、用器等等，提出了比较严格的要求，强调要体现茶的色、香、味等品质。

宋徽宗赵佶《大观茶论》（二十篇）。书中提到应对茶叶采摘的时间、制茶技术予以特别注意，而且强调了自然环境对茶品可能产生的影响，同时也对茶品鉴别、烹茶冲饮、用水用器多方面进行了阐释。

宋熊蕃《宣和北苑贡茶录》（一卷）。书中介绍了宋代皇室御用茶园北苑的历史、制茶技术、进贡的经过，记录了龙凤团茶的形制与规格。

明朱权《茶谱》（一卷）。重点叙述了茶叶品评标准和茶具品类，作者不赞成沿用传统的团茶碎碾方法，提倡用叶茶烹饮，详细介绍了蒸青叶茶的烹、点方法。

明俞政《茶书全集》。这是明代及明以前茶学著作的汇编，收录包括《茶经》在内的著作二十六部。

清陆廷灿《续茶经》（三卷）。本书仿陆羽《茶经》体例，融入唐以后茶学资料，可视作中国古代茶学的总集，内容十分丰富。

2 茶字的变化

汉字中的绝大多数创写过程都比较清晰，字体演变的时代脉络也都比较完整。但也有一些字的来历较为特别，这种特别性表现在它存在了数千年的时光，我们却不易探讨清楚它的变化轨迹。我们在此要说到的"茶"，正是这样一个特别的字，虽然从古至今有许多人进行过讨论，但还不能说就完全研究明白了是怎样一回事。

作为一种事物，一个具体的物象，汉字本来很早就应当为它造出一个字形，可是对于茶，却不是这样。茶之名与字，经历了诸多变改，这是一个非常漫长的过程。

南宋魏了翁在《邛州先茶记》中说："茶之始，其字为荼……惟自陆羽《茶经》、卢仝《茶歌》、赵赞《茶禁》以后，则遂易荼为茶。"

明代杨慎在《丹铅总录》中认可此说，他也说"茶，即古荼字也。周《诗》记荼苦，《春秋》书齐荼，《汉志》书荼陵。颜师古、陆德明虽已转入茶音，而未易其字文也。至陆羽《茶经》、玉川《茶歌》、赵赞《茶禁》以后，遂以茶易荼"。

清代训诂学家郝懿行在《尔雅义疏》中也说"茶"

字在古时作"荼","至唐陆羽著《茶经》,始减一画作茶"。这都是说"茶"字的使用,最早出自中唐"茶圣"陆羽的《茶经》。

清人席世昌也说,"九经"无茶字,或疑古时无茶,不知"九经"亦无灯字,古用烛以为灯。于是无茶字,非真无茶,乃用荼以为茶也。这个荼,"余音同都切……读为徒,东汉以下,乃音宅加……梁以下,始有今音……唐岱岳观王圆题名碑,两见荼字……可见唐时字体尚未变"。(清席世昌《席氏读说文记》卷一)

清代学者顾炎武考证后认为,茶字形、音、义的确立,应在中唐以后。他在《唐韵正》中写道:"愚游泰山岱岳,观览唐碑题名,见大历十四年(779)刻荼药字,贞元十四年(798)刻荼宴字,皆作荼……其时字体尚未变。至会昌元年(841)柳公权书《玄秘塔碑铭》、大中九年(855)裴休书《圭峰定慧禅师碑》,"茶毗"字,俱减此一画,则此字变于中唐以下也。"

浙江长兴顾渚山摩崖石刻

茶盏里的寄托

《圭峰定慧禅师碑》拓本。公元 855 年立,唐代裴休撰并书,柳公权篆额,碑现存陕西户县(今西安市鄠邑区)草堂寺。

其他又如浙江长兴顾渚山摩崖石刻,有唐湖州刺史袁高题字:"大唐州刺史臣袁高,奉诏修荼贡讫,至邑山最高堂,赋荼山诗,兴元甲子岁三春十日。"

两书茶为荼,可看作是前唐遗风,时间虽正当陆羽著《茶经》之后,但正处《茶经》未大行之时,这也可以理解。而顾渚山摩崖其余多处石刻都出现"茶"字,也正是《茶经》风行的结果。(唐重兴《顾渚石刻从"荼"到"茶"的历史意义》)

现代茶学家陈椽先生也注意到了这一点,他说唐代宗李豫前至德宗李适年间,所有写在唐碑上的茶字都写为荼。如天宝九年(750)圣善寺沙门某写灵运禅师碑上的荼槐,建中二年(781)徐浩写不空和尚碑的荼毗,贞元二十一年(805)吴通微写楚金禅师碑上的荼毗等,都是写荼字。至文宗李昂(827—840)、武宗李炎(841—846)、宣宗李忱(847—859)时所立的唐碑上,荼字都变为茶字。如会昌元年(841)柳公权《玄秘塔碑铭》,大中九年(855)裴休《圭峰定慧禅师碑》及令狐楚撰文、郑纲《百岩大师怀晖碑》的"茶毗",都是改变的显著明证。改荼为茶的原因,则与陆羽《茶经》、卢仝《茶歌》的影响有关。他还说,中唐以后,所有荼字意义的荼字都变为茶字。这可能有些绝对,变化是明显的,但远非百分之百(陈椽《从荼到茶:六大茶类的起源研究》)。

真实的情况是，文字从"荼"变到"茶"，似乎变得并没有想象中的那么彻底。从一些新搜集的资料看，唐代的茶字，除了荼与茶这二体，也还有另外若干种写法。虽然在经过了几个朝代漫长时间的借名借字之后，到唐代才由茶圣陆羽在《茶经》的倡导下固定了"茶"字的形体，从此一个茶字就写到了如今，不过就是在唐代，这个茶字也有多种写法，字形即使在陆羽之后也出现过一些异写。

古代物名先大约是定音，再有造字。无合适造字，则要借字，这是假借之法。尤其是一些晚出的事物，造字可能反不如假借利便，所以借旧字作新物名就是很自然的事了。茶之为物，普及饮用显然是在汉字使用非常成熟以后，但没有现成的字，新造字又恐有流行不畅的问题，所以就有了借字的故事。按照陆羽的梳理，茶在有了音名基调后，先后借过的字形有若干个，如槚、蔎、荈等，都是因音近而由现存的物名借用的字。"荼"字，大致也是这样借用为茶的，所不同的是，这个字借用时不仅变了义，同时还变了音而读作"茶"了。

曾看到过一篇文章是讨论"茶"字流变的。文章比较细致地论述了茶的借字过程。唐以前茶用过荼、槚、茗、荈、蔎5个字，以荼字用得最普遍，流传最广。由于多为借字，很容易引起误解，所以又造出一"梌"字，从木荼声，以代替原先的槚、荼字。

同时荼字仍用，注读"加、诧"音。陆德明《经典释文》说："荼，《埤苍》作搽。"《埤苍》是三国魏张揖所著文字训诂书，这个新字至迟应当出现在三国初年。隋陆法言《广韵》已经分论荼与茶字之形音义，推测"荼"音茶和荼减写作"茶"均大致起始于陈隋之际。《茶经》注说："从草当作茶，其字出《开元文字音义》。"《茶经》原注说"茶"字见于唐前期的《开元文字音义》，可能是当时茶字使用未广，仍以搽字写入正式文本。初唐苏恭等撰的《唐本草》和盛唐陈藏器撰《本草拾遗》，也都是用的"搽"字。直到陆羽《茶经》问世之后，由"荼"省一画的"茶"字，才真正流传并作为固定的书写字形。(《"茶"字流变史：荼、槚、蔎、茗、荈》)

这样看来，陆羽并未提及的搽字，可能是在唐前期它是有一定使用频率的茶字字形，在有些范围内仍在用"荼"这个代用字。自陆羽的时代开始，唐代正式开启了由荼变化而成的新茶字的书写历史。这个字虽非陆羽创写，却是因他的提倡而被社会所认可，成为一个成功的新字形。不过还要提及的是，早于唐出现的这个搽，除去木这个偏旁部首，剩下的是"茶"而不是"荼"，可能透露了一个重要信息，那就是"茶"字的出现应当不是很晚，这个问题我们留待后文再叙。《广韵》释茶，说是"俗搽字，春藏叶，可以为饮"。《韵会》释茶，说是"茗也，本作荼，或作搽，今作

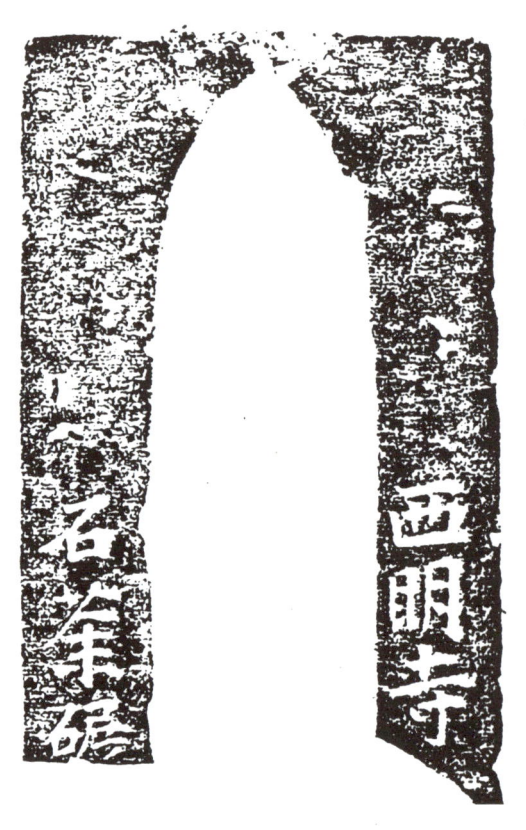

唐代西明寺茶碾刻文拓本（陕西西安出土）

茶"。这个槚字确曾是使用过的，与此相关的还有一个"搽"字，《唐韵》宅加切，《集韵》直加切。《唐韵》说，"搽，此即今茶荈之茶"，这是"茶"加木旁造出的一个新字。《广韵》也说"茶，荈也。今作茶，俗字不可从"。《广韵》并引述唐权德舆撰《陆贽·翰苑集序》中的"领新搽一串"，其中的茶正是写作"搽"。这个字使用显然并不广泛，槚与搽可以作一体看待，

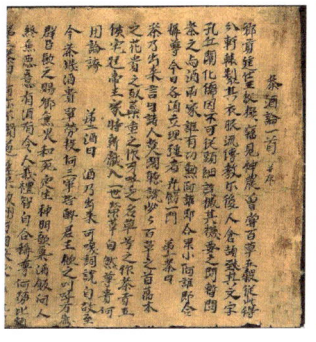

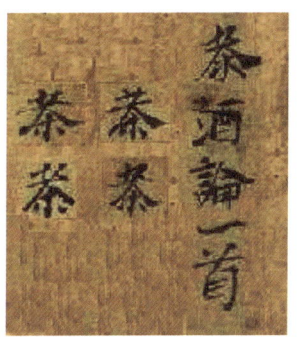

敦煌写本变文《茶酒论》　　敦煌写本变文《茶酒论》中的茶字

只是檟还有另外的意义，并不专指茶名。

关于唐代茶字的真实书写情状，考古与文物也提供了一些实证。唐代长沙窑和岳窑茶具上，常具书器物名称，出现茶字的不同写法。岳窑的茶碗上，见到写作"荼垸"的标本，这是以"荼"字言"茶"字的例证。考古发掘长安西明寺遗址，曾发现石质大茶碾，碾面铭刻有"西明寺石茶碾"字样，也是以茶言荼。西明寺是唐代前期长安重要的皇家寺院，铭文茶写为荼自然属正写。当然也要注意的是，这个茶字也许因为书体的原因，将人字下的木字写作了"末"字，这种异写或可略而不计，依然认作"荼"字。

关于古代茶字的直接的书写资料，还可以找到一些例证。唐代寺院中盛行俗讲，是一种说唱体的表演形式，俗讲的话本即为变文，变文也在民间广为

茶盏里的寄托

长沙窑瓷器("黑石号"沉船出水)

流行。俗讲有说有唱，表演生动，多取材于佛经，也包括民间传说和历史故事。有一篇出自敦煌石室《茶酒论》变文，虽非佛经故事，亦非经史子集类古籍，却是非常重要的饮食史料，很值得品味。《茶酒论》通篇千余字，撰人题为"乡贡进士王敷"，抄写者为阎海真，二人事迹不详。抄写时间为"开宝三年壬申岁正月十四日"，开宝为宋太祖第三个年号，壬申岁当为开宝五年，而不是三年。抄本为北宋初年，写作的时代可以推定在唐代或稍晚。全篇以拟人化手法，写茶酒互相争功比高下，较为真切地反映了唐宋之际人们的茶酒观。值得注意的是，茶、酒两字在变文中反复出现，这个茶字，并没有写作《茶经》所倡书体的"茶"，也没有写作前唐流行的"荼"与其他字形，却写成了"茶̇ "，这个字显然是在"荼"之艹头下加了一画。《茶酒论》文中所书"花""草""蕊"等艹部首之字，均作明确的草头，下面并不加一横，表明这个茶字的写法并不是部首普遍变异的结果，而是有专门的设计。

《茶酒论》抄本，可以看作是民间写本，所书文字自然是民间比较流行的写法，茶字写成茶̇，推测在唐宋之际并不是个例。我们还可以举出考古证据来说明，湖南长沙窑的茶具，有的在碗心瓶腹题有文字，有直书标准茶字的"茶""茶碗""茶瓶"的，也有书作"茶̇碗""大茶̇合"的，与敦煌写本的书体相同。

法门寺献物帐石碑拓本

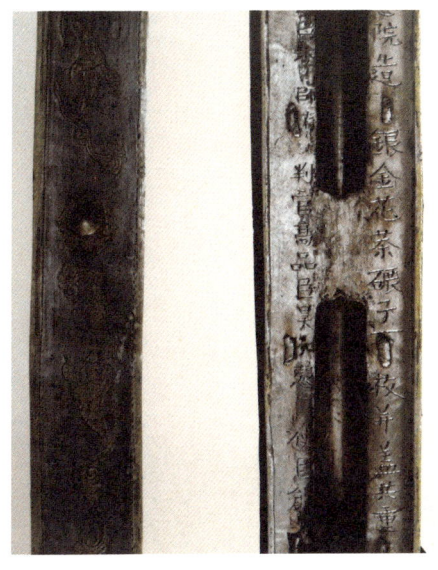

银茶碾鏊文（法门寺地宫出土）

由此看来，荼这样的写法在唐宋民间可能比较流行，而且南方北方都流行。这样流行的一个字，却并没有收录到任何字书里。

法门寺的考古发现，也提供了我们考察唐代茶字书写的实证。塔基发现的"献物帐"石碑，上面刻有多个茶字，有茶罗、茶碗、茶碾，均写作"茶"。考证石碑书刻于懿宗、僖宗之时，正是在陆羽著《茶经》之后，碑上的"茶"字可以视作皇家规范标准字体。不过法门寺地宫还出土了一些银质茶具，有烹煮茶汤用的风炉、鍑、火筴、茶匙、则、熟盂，有点茶用的汤瓶、调达子，有碾茶罗茶用的茶碾和碾轴、茶罗，

银茶碾錾文（法门寺地宫出土）

有贮茶用的盒，还有贮盐用的簋、盐台，有烘茶用的笼子。其中有一件精致的银茶罗，是罗茶末用的。茶罗上有工匠錾成的多字铭刻，其中有自铭"罗"字样，标示有"咸通十年"（870）具体制作年份。另外同时出土的银茶碾上也有錾文自铭"茶碾子"，并标示有"咸通十年"年份。两件茶具都是由"文思院"承制，工匠是同一人，名"邵元"。茶字都錾为"荼"，这不仅可以看作是工匠的习惯，也应当是民间还在流行的写法。錾文中还多次出现"号"这样的简体字，也是表明民间文字书写别有形体的一个佐证。

"荼"字可以视作民体,"茶"字则是官体,并行于唐代后期,而且可以同时见于皇家寺庙。对比敦煌写本《茶酒论》看来,我们可以再次认定"荼"这个字一定使用过较长时间。

同样见于长沙窑的茶具,茶字又写作"荼"。印尼"黑石号"沉船出水大量唐代瓷器,其中就有一件茶碗上写有"荼盏子"字样,字迹略显潦草。同时出水的长沙窑瓷碗上带有唐代宝历二年(826)题铭,结合其他器物考证,沉船的年代被确认为9世纪上半叶。这是茶字之民间俗体又一写法,保留了"荼"字原形,也在艹头下加了一画,这个写法可能流行并不广。

荼、槚、茶、荼、茶,我们讨论了唐代茶字的这五种写法,初步了解到不同字形流行的范围与时段,也了解到了唐以前茶的写法,但是仍不能说将古代茶字的演变说得明白无误了。因为资料可能远没有搜罗到无遗的程度,尤其是新发现的考古资料甚至有可能颠覆过去的认识。事实正是如此,这里就有一个人们关注不够的新线索,又为我们打开了一些新的讨论空间。

前面提到,早于唐出现的"槚"字,除去木这个偏旁部首,剩下的是"茶"而不是"荼",可能透露了一个重要信息,那就是"茶"字的出现应当更早。早到什么时候?有人由汉印中见到的类似"茶"

字，推测它的出现不晚于汉。不过《说文》录有茗、荼二字却无"茶"字，至少说明汉时"茶"可能不属通行正体字。我们也注意到，湖南长沙马王堆汉墓出土帛书上也出现了茶字，写作"𦯼"，是一个非常形象的会意字，表现的是一只手采摘着树上的叶子。这样看来，茶这个字形也许产生于汉代以前，甚至产生于文字初创的年代。也可能正是因为不流行，所以未被字书收录。

由此看来，这个茶字的来源还真是有些特别的过程。从荼，到茶，到荼，到茶，唐代茶人经历了移位增减一画的抉择，最终还是服从了减省笔画的原则。陆羽选定了"茶"作为专字表述茶饮，是极有见地的，最终茶字得以行世千年，茶圣功不可没。

3 茶树培育

茶树的生长，对环境条件有一定的要求，培育茶树，就要尽可能的满足这些要求。在唐代时就对此有了清楚的认识，总结出了一整套茶树栽培技术。又经宋、明几代的发展，提高了栽培技术，不断更新茶树品种，生产出许多高品质的茶叶。

茶树的生长，直接受气候和土壤环境等条件的影响。其中光照是影响的首要条件，光照强度、照射时间及光质对茶树生长十分重要。温度制约茶树的生长速度，也直接影响到它的地理分布，茶树最适宜于20℃~30℃气温的环境。茶树对水分的要求也高于一般树木，不适宜在干旱的环境中发育。土壤是茶树生长发育的基础，土质、土温、土壤的酸碱度对茶树根系的作用非常重要。茶树对综合性小环境也有一定要求，茶园的地形、坡向也直接影响到茶树的生长。

陆羽生活的时代，南方大都产茶，相当于今四川、云南、贵州、陕西、河南、湖北、湖南、广西、广东、福建、江西、浙江、江苏、安徽等省区范围内，都有茶叶生产。当时所产茶叶，一部分为栽培所得，也有一部分为野生。按陆羽在《茶经》中的说法，"野者上、园者次"，以野茶胜于园茶，可见野茶叶也会有名品。

陆羽概略提到唐时的植茶技术，谈到茶树生长所需要的条件。他说茶树生长的土壤以杂风化石的山地最佳，透气较好，所谓"上者生烂石，中者生砾壤，下者生黄土"。种植方法与种瓜相同，经过三年培育，便可以采摘。茶园要选在向阳坡地，茶叶以紫色为上品，而生长在阴坡谷地的茶是不堪采用的。

宋人极看重茶树的生长环境，以为灵山才出好

茶。宋子安《东溪试茶录》论建安茶，说建安（今福建建瓯）一带"山川特异，峻极回环，势绝如瓯。其阳多银铜，其阴孕铅铁，厥土赤坟，厥植惟茶"。还说"茶宜高山之阴，而喜日阳之早"，以高山产茶最美，胜于茶园。宋时贡茶都出产在这里，茶品佳，出产也早，正是得益于这里最适合的自然条件。

　　唐代时开始的种茶如种瓜方法，采取直播丛栽，一直沿用到明代。明代开始采用育苗移栽方法，仍属有性繁殖的培育方式。

在明清之际，出现了插枝繁殖和压条繁殖技术，创立了无性繁殖的植茶方式。无性繁殖技术的采用，选育了大批优良茶种，提高了产量和质量。

明代的一些茶书，已明确提及茶园平整土地、除草施肥、灌溉培土等一系列技术，说明茶园管理已经相对精细。程用宾《茶录》说，"肥园沃土，锄溉以时，萌蘖丰腴"，强调了茶园的除草与施肥。又如罗廪《茶解》说："茶根土实，草木杂生则不茂。"他说茶园春季要拔草，夏秋两季要锄掘三四遍，到第二年茶叶萌发会十分茂盛。他还提到培土措施，如果地力不足，要培以焦土，在茶根旁掘一小坑，埋入焦土升余，用米泔浇灌。《茶解》还提到茶园间种技术，杂植桂、梅、兰、竹、松、菊"清芳之品"，既可使茶园幽香常发，又可抑制杂草蔓生。

茶树生长到一定年限后，便会老化，茶叶产量和品质都会受到明显影响。清代时已采用更新复壮措施，解决茶树的老化问题。方以智《物理小识》中提到火烧方法，说"树老则烧之，其根自发"。还有《匡庐游录》则提到砍伐方法，说茶树有的"五六年便老无芽，则须伐去，俟其再蘖。"这都是较为原始的茶树更新方法，到清代后期，又有了一些改进。改进的方法见于张振夔的《说茶》，他说："先以腰

镰刈去老本，令根与土平，旁穿一小阱，厚粪其根，仍覆其土而锄之，则叶易茂。"《时务通考》还记述了清人发明的剪枝法，做法是："茶树生长有五六年，每树既高尺余，清明后则必用镰刈其半枝，须用草遮其余枝，每日用水淋之。四十日后，方除去其草，此时全树必俱发嫩叶，不惟所采之茶甚多，所造之茶犹好。"

修剪技术在现代仍是茶树管理的一项重要技术，而且分化为定型剪、轻修剪、深修剪、重修剪和台刈等多种方法，是茶树稳产高产的重要措施。

作为种植作物的茶树，在其培育过程中有与其他经济林木不同的地方。在古代的封闭状态下，茶树培育技术进步比较缓慢，茶叶产量及品质提高也不快。近代西方农业科技传入以后，茶学界的有识之士不仅引进技术和设备，还建立了一些良种场、试验站，筹办专门的科研机构，逐步改变了茶叶生产停滞不前的状况。茶叶作为一种特殊的农产品，需要一些特别的生产技术，包括育种、繁殖、修剪、施肥、病虫害防治等。随着近代科技的发展，这些植茶技术也得到提高和发展。

　　从整体情形看，中国历史上对茶树的培育技术，基本处于一种凭经验积累的状态，提高比较缓慢。文人们对成茶倾注了更多的热情，对品饮更是津津乐道，而对于植茶之法却极少见之于笔端。

4 采摘

在古人看来，采茶比植茶学问更大，要求更高。的确，再好的茶树，如果采摘失时，也是得不到好茶的。按陆羽《茶经》所说，唐代采茶是在二至四月之间，只采春茶。明代开始有了采夏、秋茶的记述，如许次纾《茶疏》即说："往日无有于秋日摘茶者，近乃有之。秋七八月，重摘一番，谓之早春，其品甚佳。"还有陈继儒的《太平清话》也提到"吴人于十月采小春茶"。

清代武夷茶还有采三季的做法，陆廷灿《续茶经》即提道："武夷茶自谷雨采至立夏，谓之头春。约隔二旬复采，谓之二春。又隔又采，谓之三春。头春叶粗味浓，二春三春叶渐细，味渐薄，且带苦矣。夏末秋初又采一次，名为秋露，香更浓，味亦佳。但为来年计，惜之，不能多采耳。"

古代重春茶，得春茶谓之新茶。春茶的采摘，一般是在惊蛰前后。如福建有的地方可早到立春后十日。《东溪试茶录》说："建溪茶比他郡最先，北苑、壑源者尤早。岁多暖，则先惊蛰十日即芽；岁多寒，则后惊蛰五日始发。先芽者气味俱不佳，惟过惊蛰者最为第一。民间常以惊蛰为候，诸焙后北苑者半月，去远则益晚。"北苑所出为宋时有名的贡茶，采摘约

略稍早。当然,由于地区气候的差异,各地开摘的时间不尽相同。宋人其他茶书,如黄儒《品茶要录》、赵佶《大观茶论》,均认为惊蛰前后采茶最佳,这大多指的是贡品之类。

一般用于贸易的茶叶,采摘节候多在清明前后。明代一些茶区的采摘期晚到谷雨之时,有的名品如罗岕茶则推迟到立夏才采摘。采摘晚于立夏的,自然就不能算是正宗春茶了。采摘的节候,往往决定着成茶的品第。现代人所说的特级茶和一级茶,都在春茶前期采摘,以采一芽二叶为主。而后期所采,只堪制作四五级茶。由此可见,古代更重茶品的质量,质量高一些,产量相应要低一些。

现代除南方少部分地区如海南四季采茶外,一

般都采三季茶，称为春茶、夏茶和秋茶。大体 3—5 月所采为春茶，6—7 月所采为夏茶，8—10 月所采为秋茶。春茶的开采，提倡早些进行，采摘期以 4—10 天为宜，名优茶的采摘期只有 2—4 天，要求很高。

采茶的节候决定茶品的高下，具体采摘的时间也很重要。陆羽《茶经》说："其日有雨不采，晴有云不采。"《东溪试茶录》也说："凡采茶必以晨兴，不以日出。日出露晞，为阳所薄，则使芽之膏腴立耗于内，茶反受水而不鲜明，故常以早为最。"《大观茶论》也说，"撷茶以黎明，见日则止"，太阳一出，就不要采了。

宋代赵汝砺《北苑别录》说，为了控制采茶的时间，还有专人指挥开采和止采，以击鼓鸣锣为号，如出战一般。采茶时，"每日常以五更挝鼓，集群夫于凤凰山。山有打鼓亭，监采官人给一牌入山，至辰刻，则复鸣锣以聚之，恐其逾时贪多务得也"。这是御茶苑的管理方式，自然是要严格得多。

在有些地区，要求又有所不同，如《考槃余事》提到，"若闽、广、岭南，多瘴疠之气，必待日出山霁，雾障岚气收，净采之可也"。

古人为提高茶品质量，还十分强调采摘方法的规范化。如北苑贡茶的采摘，要专雇熟练的采茶工，《北苑别录》即说："大抵采茶亦须习熟，募夫之际，必择土著及谙晓之人，非特识茶发早晚所在，而于采摘亦知其指要。盖以指而不以甲，则多温而易损；以甲而不以指，则速断而不柔，以旧说也。故采夫欲其习熟，政为是耳。"采茶的技巧，主要是以指甲而不是以指头断茶，这在《大观茶论》中也可读到，"用爪断芽，不以指揉，虑气汗熏渍，茶不鲜洁"。为了解决手汗问题，茶工还随带一罐新汲的井水，采茶芽后投入罐中。

5 蒸焙与炒焙

采茶要求很高,制茶更要求精益求精。

古代制茶,因茶品的不同,方法不尽一致,但主要工艺都少不了炒焙或蒸焙。从表面上看,这不过是用人工使茶叶变干燥的一个过程,但实际上它是决定茶品质量的关键工序。按照古代茶书的记述,中国古代茶叶的制作大体经历了蒸焙和炒焙两个大的发展阶段,以明代为前后阶段的分界。陆羽《茶经》所述的制茶方法是"蒸之,捣之,拍之,焙之,穿之,封之",这样得到的便是干茶叶,也就是茶学家们所谓的"蒸青饼茶"。饼茶在饮时要碾成末冲泡,所以茶具中还要配茶碾。

唐代蒸青饼茶形状比较大,常重一斤以上,到宋代又制成小饼,二十八片合为重一斤的大饼。当然唐代有饼茶,也有散茶、末茶,以饼茶最负盛名。

到元代,蒸焙茶的方法还被作为传统工艺进行介绍,王祯《农书》就载有具体制法,但这时的成茶是散茶而非饼茶了,可以叫作"蒸青叶茶"。其制法是"采讫,以甑微蒸,生熟得所。蒸已,用筐箔薄摊,乘湿略揉之。入焙匀布,火烘令干,勿使焦。编竹为焙,裹箬覆之,以收火气"。也就是说,叶茶省却了饼茶

现代炒茶

的压模工序，应当说是有了明显变化。

明代初年，传统的饼茶仍在制作，不过茶人已清楚地认识到了它的弱点，如耗时费工，茶叶浸水榨法有损于香味等，所以就有了革饼茶而改为叶茶的愿望。明太祖朱元璋为废饼茶兴叶茶，还专门下了一道诏令："罢造龙团，惟采芽以进。"皇帝都提倡饮叶茶，饼茶自然也就没有销路了。

明代不仅废了饼茶工艺，还改蒸法为炒法，大量生产炒青叶茶。炒青茶技术在唐代本来就有，刘禹锡有《试茶歌》说"斯须炒成满室香"，指的即是制茶的炒法。炒焙之法到明代才得以完善，而且得到推广，茶书上只言炒法而不言蒸法，说明茶史上的一个新时代确实开始了。

明代张源《茶录》所述炒焙之法是："锅广二

尺四寸，将茶一斤半焙之，候锅极热，始下茶急炒。火不可缓。待熟方退火，彻入筛中，轻团郍数遍。复下锅中，渐渐减火，焙干为度。"炒茶的火候非常关键，所谓"火烈香清，锅寒神倦；火猛生焦，柴疏失翠；久延则过熟，早起却还生；熟则犯黄，生则着黑；顺那则甘，逆那则涩；带白带赤无妨，绝焦点者最胜"，可见要恰到好处，有一定难度。

许次纾的《茶疏》述炒茶之法颇为详细，他说："生茶初摘，香气未透，必借火力，以发其香。然性不耐劳，炒不宜久。多取入铛，则手力不匀，久于铛中，过熟而香散矣，甚且枯焦，尚堪烹点"。对于炒茶所用的锅和柴也有一定之规："炒茶之器，最嫌新铁，铁腥一入，不复有香。尤忌脂腻，害甚于铁，须豫取一铛，专用炊饭，无得别作他用。炒茶之薪，仅可树枝，不用干叶，干则火力猛炽，叶则易焰易灭。"具体炒法也颇有精妙之处："铛必磨莹，旋摘旋炒，一铛之内，仅容四两。先用文火焙软，次加武火催之。手加木指，急急钞转，以半熟为度。微俟香发，是其候矣。急用小扇钞置被笼，纯绵大纸衬底燥焙。积多候冷，入瓶收藏。"炒茶实际是分两次炒成，一次炒熟，二次炒干，较之蒸焙，省却了捣、拍、烘几道工序。

炒茶贵新鲜，所谓"旋摘炒"，采好的茶叶不能存放太长的时间，否则会失去鲜香味。为此，还有将灶釜支上茶山的做法，边采边炒，如明人高濂《雅尚斋遵生八笺》所说:"茶采时,先自带锅灶入山,别租一室,择茶工之尤良者,倍其雇值。戒其搓摩,勿使生硬,勿令过焦。细细炒燥,扇冷,方贮罂中。"

炒青绿茶的出现,还带来了一些副产品,如黄茶和黑茶,制作工艺相同,品质却有明显区别。绿茶是绿叶绿汤,但如果在炒制过程中操作不当,可使叶黄汤黄,就成了黄茶。炒青火温低,叶色变为黑绿色,或发酵沤成了黑色,也就成了黑茶。失败中又制成了两个新茶品,这恐怕是茶人们事先未曾料到的。

明代除了大量生产炒青绿茶,还有不炒而生晒的白茶。白茶采自一种大白叶茶树,田艺衡《煮泉小品》说:"茶以火作者次,生晒者为上,亦更近自然,且断烟火气耳。"他认为生晒的茶洁净,保留本香本味。清代制成的红茶和乌龙茶,也是以日晒代替杀青,称作晒青。当然晒后也还是要经过炒焙干燥,与绿茶制法大体相似。

6 茶与中国文化

茶作为一种饮料，本是物质生活用品。当它在古代中国普及之后，就成了"柴米油盐酱醋茶"中生计七件要事之一了。这是宋代的说法，足见那时茶在人们的日常生活中已不是可有可无的了。

不过在古人看来，茶不仅是日常生活的必需品，也是精神生活的必需品，人们以茶养性和神，以茶易俗成礼，以茶研学布教，在这样的过程中赋予茶以完美的品质。茶因此越来越具有了文化色彩，它与中国文化紧密结合起来，互为表里，相得益彰。

中国人开始饮茶，按陆羽在《茶经》中的说法，"茶之为饮，发乎神农氏，闻于鲁周公"，将饮茶的最早年代追溯到了传说时代。不过文字记录的中国最早的茶事，是发生在西汉时代，见于王褒在宣帝神爵三年（前59）所写的《僮约》。《僮约》中有"烹茶尽具""武阳买茶"的话，后来的茶学家们据此认为，这其中提到了以茶待客的古风，也提到最早的茶叶贸易活动，还提及有专用的茶具。这就是说，在巴蜀故地，西汉时代饮茶已成为普遍时尚。因此，我们也有理由推断，开始饮茶的时代，应当比王褒生活的那个年代要早得

汉王褒《僮约》书影

多。

　　东晋人常璩撰《华阳国志》，说武王克殷以后，巴人纳贡的贡品中有茶和蜜等。或许古代巴蜀产茶，真的可以早到商周之际。到了两晋以后，南方产茶的规模已经不小，饮茶更加普及，所以张载在《登成都白兔楼》中写出了"芳茶冠六清，溢味播九区"的句子。又有晋人孙楚的《出歌》说："姜桂茶荈出巴蜀，椒橘木兰出高山。"表明巴蜀故地在两晋时期仍是重要的产茶饮茶的中心。

自汉代以后，饮茶活动被人们赋予了明显的精神色彩，茶已不纯粹作为饮品而存在了。特别是魏晋以后，贵族崇尚奢靡之风，浆酒藿肉，暴殄天物，一些有识之士为表现自己清雅不俗的操守，用品茗代替酒馔，即"以茶代酒"，以扭转世风。据《晋中兴书》说，东晋时升任吏部尚书的陆纳，在任吴兴太守时，有一次卫将军谢安约好要来拜访他。他的侄子陆俶是个热心肠，对叔父没有筹备筵席待客深感不安，但也不敢问明原因，便自作主张地准备了一桌丰盛的酒菜，静候谢安的到来。谢安来了，陆纳只命人端茶，摆了水果款待贵客。陆俶见此情景，觉得太寒酸了，赶快将自己预备的酒菜端上来待客。侄子满以为这样能讨得叔父的欢心。没想到在客人告辞后，叔父怒气冲冲地说："你不能为叔父争光倒也罢了，却为何还要毁了我清俭的操行？"并打了他四十大板。这一杯茶水，成了当时士大夫们以清俭自诩的标志。

《晋书·桓温传》说，桓温任扬州太守时，也是一个节俭的太守，每逢宴饮，只用七子攒盘摆些茶果，并不大嚼大饮。还有一些帝王，也以茶饮作为标榜自己德行的工具。据《南齐书·武帝纪》说，齐武帝萧赜在他的遗嘱中，明言死后"灵座上慎勿以牲为祭，但设饼果、茶饮、干饭、酒脯而已"。以茶作供品、作祭品，这说明茶已是当时人民生活中不可缺少的必需品了，至少在江南地区是如此。

唐代佛教禅宗的发展，更加促进了茶饮的普及，茶禅一体，僧俗转相仿效，饮茶之风日盛。尤其是陆羽著《茶经》以后，古代茶学得以正式确立，使后世茶学著作层出不穷。唐代饮茶已普及到中原及边疆地区，茶真正成为举国之饮。茶在唐代有了专用的字和专门的著作，有了边销和税收，对社会政治、经济与文化生活产生了广泛的影响。

唐代文人对茶的认识已达到了一个新的高度，认定茶对人的身体与精神都有莫大的益处。文人们在茶饮活动中，力求进入一种前人不曾到达的境界。顾况在《茶赋》中说茶"滋饭蔬之精素，攻肉食之膻腻；发当暑之清吟，涤通宵之昏寐"。裴汶的《茶述》更进一步言茶"其性精清，其味浩洁，其用涤烦，其功致和。参百品而不混，越众饮而独高"。这样评述茶的性味、功用，对茶赋予新的定义是前所未有的。可见，茶的文化意蕴更加浓厚了，茶饮不仅普及到人们的生活中，更进一步进入了人们的精神领域。

茶大兴于唐而盛于宋。宋代有了新的茶叶生产中心，建安所产建茶名闻天下，龙团凤饼贡茶更是品质优良。宋代出现了许多茶馆，茶饮的社会化得到充分体现。宋代还风行斗茶和分茶游戏，对茶品的优化和茶艺的精进发挥了非常重要的作用。宋代宫廷有茶仪茶宴，还有研究茶学的帝王。许多文人、官吏都是著名的茶人，都曾下力气研习茶艺。

民间茶礼也已经形成，茶用作订婚的彩礼之一，媒人被称为"提茶瓶人"。邻舍敦睦互请品茶，称为"支茶"；喜迁新居，街坊要彼此"献茶"。朔望之日，亲朋好友也有"茶水往来"。

自汉代以来"以酒成礼"的传统，到宋代就有了新的改变，茶也可以行礼了。到了元代，茶艺一改宋人的琐细，变得简约清新起来。元人除保留少量饼茶作为贡茶以外，大量生产散茶。散茶的普及，推动了饮茶方式的简易化，也就促进了茶艺的简约化发展。元代茶人更崇尚自然，返璞归真。元代的这种变化，是多民族文化碰撞后传统汉文化受到冲击的结果。随着旧文化传统的分化，繁琐的茶艺也同时被摒弃了。

明清时期，茶人们对茶艺又有了刻意追求，追求至精至美，茶美，水美，器美，环境气氛美，意趣也要美。茶器中的至美之器紫砂壶，备受茶人们的青睐，于是涌现出许多制壶名匠，也就有了一些研究茶器的著作。清代以后，茶饮的大众化进入极盛时期，茶叶贸易也空前扩大。饮茶方式多种多样，表现出明显的地域特点，有盖碗冲泡法，也有大壶冲泡法，有工夫饮法，分别适合于不同的阶层和不同的地区。

饮茶在中国的发展历史，如果从有确切文献记述的西汉时期算起，已经有了2000年左右的漫长历程。茶与中国的历史和文化紧密地结合在一起，历史与文化的发展变迁，影响到茶业、茶艺的发展变化，茶业、茶艺的发展反过来也对历史和文化的发展产生了一定的影响。

中国历史上的饮茶，主要在茶品、茶具、茶艺诸方面逐渐取得进步，也是在这些方面与中国文化发生越来越密切的联系，形成了内涵十分丰富的茶文化体系。

从唐代开始，由于贡茶兴起的原因，各产茶地竞相生产优质茶品，这些茶品多以产地命名。宋代时贡茶之风更炽，朝廷在重要的产茶地专设有贡茶院，督造贡茶。上贡朝廷的茶品压模有龙凤图案，称为龙团凤饼。最著名的建安北苑贡茶，极品有数十种之多，多以吉祥语命名。帝王们常以贡茶赏赐近臣，以示宠幸。明清贡茶改为芽茶，产地更多，名号也更雅了。

除了贡茶，各地历代创制的其他名茶也很多。在自然条件较好的茶区，都或先或后地制出过茶中名品，现代南方各省区在历史上都曾出产过名茶。名茶凝结了古代茶工们的智慧，也有品评赏鉴它们的名人们的功劳。

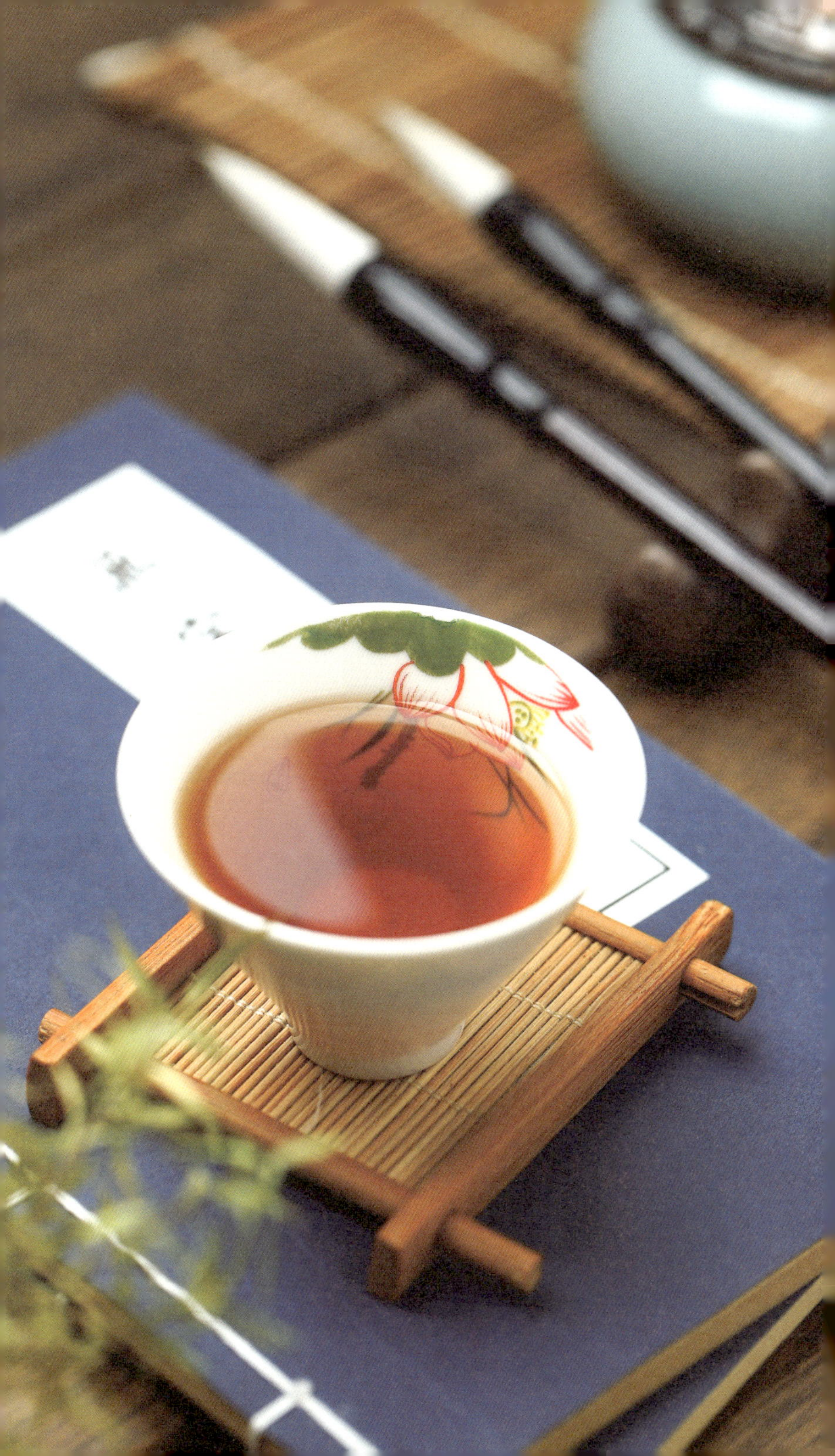

古代名茶都以色、香、味、形的独特风格而著名，许多名茶都以色泽和产地命名，茶人们从茶名、茶色上很容易判明茶的风味特色。

在各色茶叶中，历史最悠久、品种最丰富的是绿茶，珍品有西湖龙井、黄山毛峰、庐山云雾等。其次为发酵茶红茶，品种也很多，名品有滇红工夫、祁门工夫等。还有半发酵茶乌龙茶，兼具红茶和绿茶的味与香，名品有武夷岩茶、铁观音等。其他还有白茶、黄茶、黑茶等，白茶为中国特产，白茶、黄茶都属轻微发酵茶。黑茶为后发酵茶，多制成紧压茶，产量列红茶、绿茶之后，排在第三位。

中国古代还有品类繁多的花香茶。宋代在制成香料茶之后，又以茉莉鲜花焙茶，制成花香茶。明代又制成果香茶，进一步完善了花香茶的制作方法，大量增加了花香茶的品种。到清代花香茶的商品生产已形成相当规模，涌现出一些窨制花茶的中心。花香茶中产量最大的是茉莉花茶，其次是白兰花茶、桂花茶等。

古代的茶具，随着饮茶方法和习俗的改变而发展，经历了比较复杂的演变过程。西汉时期已有了简单的专用茶具，在一些文献中已有提及。考古发现的最早瓷杯、瓷壶等茶具，属于东汉时期。东晋时期制成了茶盏及与盏托配套的饮茶器具，南朝时期这种茶具相当流行，考古有大量发现。

到唐代时茶具已经系统化、规范化。《茶经》记述的茶具有二十多种，有烤茶器、碾茶器、量茶器、煎水器、盛水器、饮茶器、调茶器等。唐代流行煮茶法，宋元兴起点茶法，以壶烧水，再点注杯中茶叶，这样使茶具有了一些新的变化，茶瓶逐渐流行起来。从唐宋之际开始，茶具在形态改变的基础上，装饰也富于变化，更加强调了艺术性。

由于饼茶废除和散茶流行，元明之际茶人们摒弃了茶碾、茶瓶等，直接用茶壶沏茶，青花茶壶成了最受人们欢迎的茶具。清代又兴起紫砂茶具，还有彩瓷与漆器茶具，盖碗茶杯成了最流行的款式。艺术化的茶具不仅具有实用价值，而且有很高的收藏价值。

在古代茶人看来，饮茶是一门艺术，所以茶艺历来都备受重视。品茶的艺术包含有广泛的内容，主要体现在饮茶方式、环境气氛、品鉴经验、茶趣体验几个方面。

古代茶人们在重视茶品的同时，还十分注重水品的选择，认为只有好水才能烹出好茶。所以人们在研究茶品的同时，也考究水品，品茶之前要先具备品水的功夫，这是一个优秀茶人必须具备的本领。煎茶用的水，最基本的要求是甘洁、活鲜，没有污染，所以茶人们推崇用好的泉水，而且还认为用茶叶产地的泉水烹茶最好，能更有效地激发茶叶的香气与滋味。

古代茶艺将煎汤作为十分关键的一环，有一些

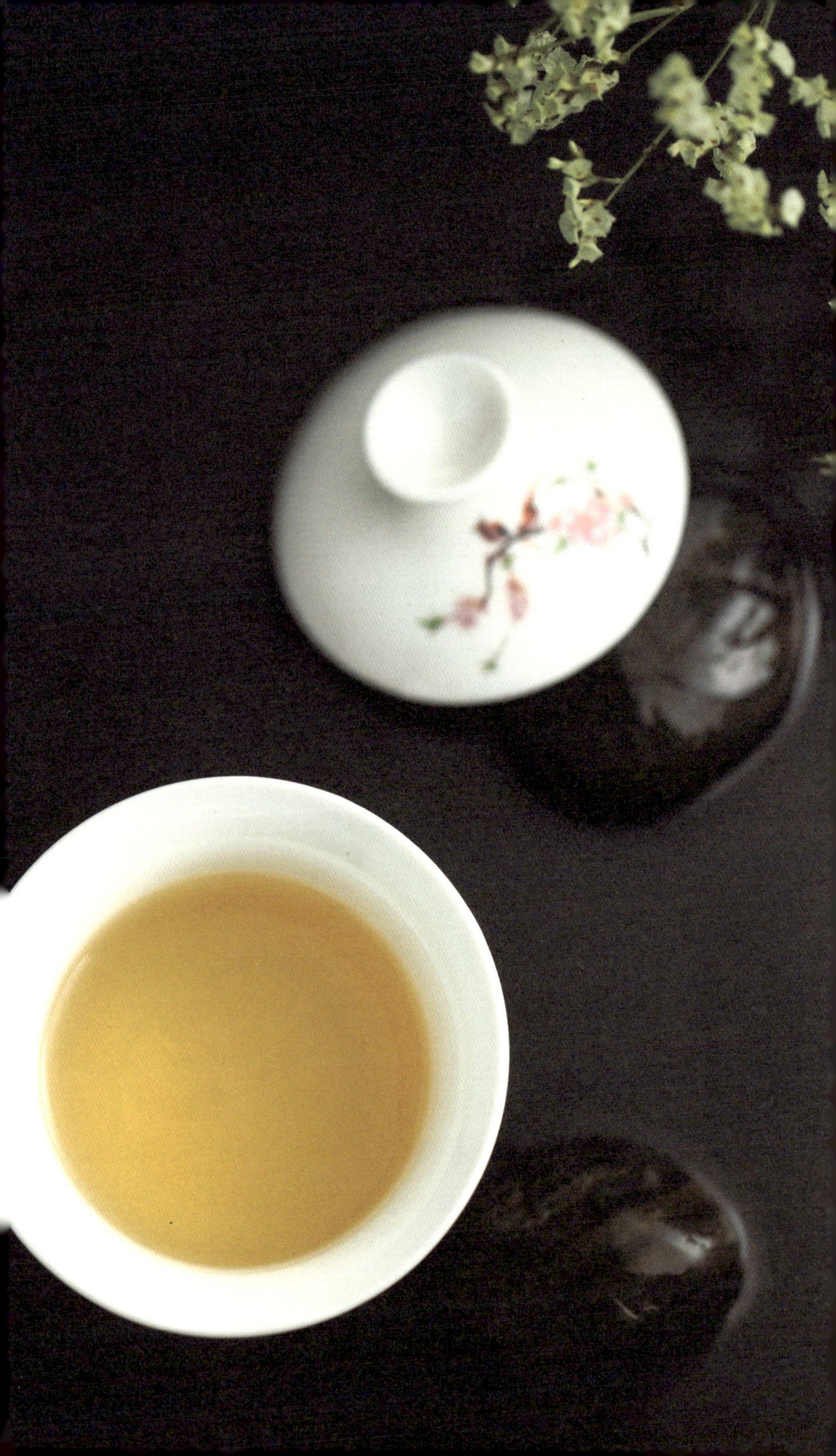

公认的技巧。煎汤讲究火候适中，不老不嫩。煎汤的容器与燃料选择不当，也都会影响茶香、茶味。

古代有许多精于品鉴的茶人，以精鉴为饮茶的最高境界。对于茶叶品第的评定，不同时代有不同的标准，不过大体都是从色、香、味、形几个方面考虑的，最难品鉴的是茶味与茶香。

宋代兴起的斗茶之风，实际上是品鉴茶叶的一种社会活动。茶农之间，茶贩之间，茶人之间，甚至帝王都热心于斗茶，这对茶艺、茶学的发展与普及起到了重要的推动作用。

古人在饮茶时，比较注意寻找或营造清幽的环境。有的人喜欢投身于自然，以为在湖畔、松林才能比较理想地进入饮茶所应有的境界。有的人则喜爱清谈于茶室，以为"竹里飘烟"，才能体验到茶的清净之味。

不同时代的不同茶人，对饮茶的最佳时间和环境都有不同的选择标准。文人们所追求的，不外是静、幽、洁、雅，而大众化的品茗，却多了一些热闹的气象，所以茶馆成了最好的去处。

茶馆在唐宋时代已经比较兴盛，它是饮茶普及的一个重要标志。到清代时茶馆更加普及，各地的茶馆形成了明显的地方特色。有的茶馆成了大众文化娱乐的重要场所，有的茶馆除卖茶之外，也卖小食品，有饮有食。许多地方的茶馆都是人们交际的场所，人

们通过茶馆同社会紧密联系起来。

古人认为茶中有趣，只有德行高洁的人才能领略得到，他们将追求茶中的意趣之雅，作为饮茶的一个目的。茶人们重茶品，更重人品。人品高尚，才能在饮茶中进入神融心醉的境界。茶在古代中国人的传统习俗中扮演了重要的角色。人们以茶待客，以茶交友，增进彼此的感情。

在一些少数民族中，自古也有以茶待客的传统，用各民族独具特色的茶艺招待贵客。

茶与中国古代的儒、道、佛三大思想流派，都有非常密切的关系，儒、道、佛以茶传播其思想，以茶传布道法佛规。其中又以佛教与茶的关系最为密切，佛教的禅宗坐禅时以茶为饮，在清净中修行。佛教禅宗在唐代普及发展以后，许多平常人为修行在接受禅宗的同时也接受了茶，推动了饮茶之风的流行。

特别是寺院，一般都参与茶叶生产，许多名茶都出自僧人之手，这为茶品的不断提高起到了重要的作用。

古代的医药学家们对茶的药用效能给予了关注，他们阐明药理，制成方剂，用茶解除人们的病痛。茶被视为治万病之药、保健良方。

茶除用于治疗许多疾患，除对人的肌体起到保护作用外，还用于涤烦清心，对人的精神起到保健作用。茶吸取的不仅是大自然的灵秀清逸之气，而且还接受了中国文化璀璨光芒的照耀。自然赋予茶以宜人的香、味、色，中国文化又赋予茶以深邃的内涵。没有中国文化的浸染熏陶，也不会有中国的茶，不会有我们引以为荣的茶文化。

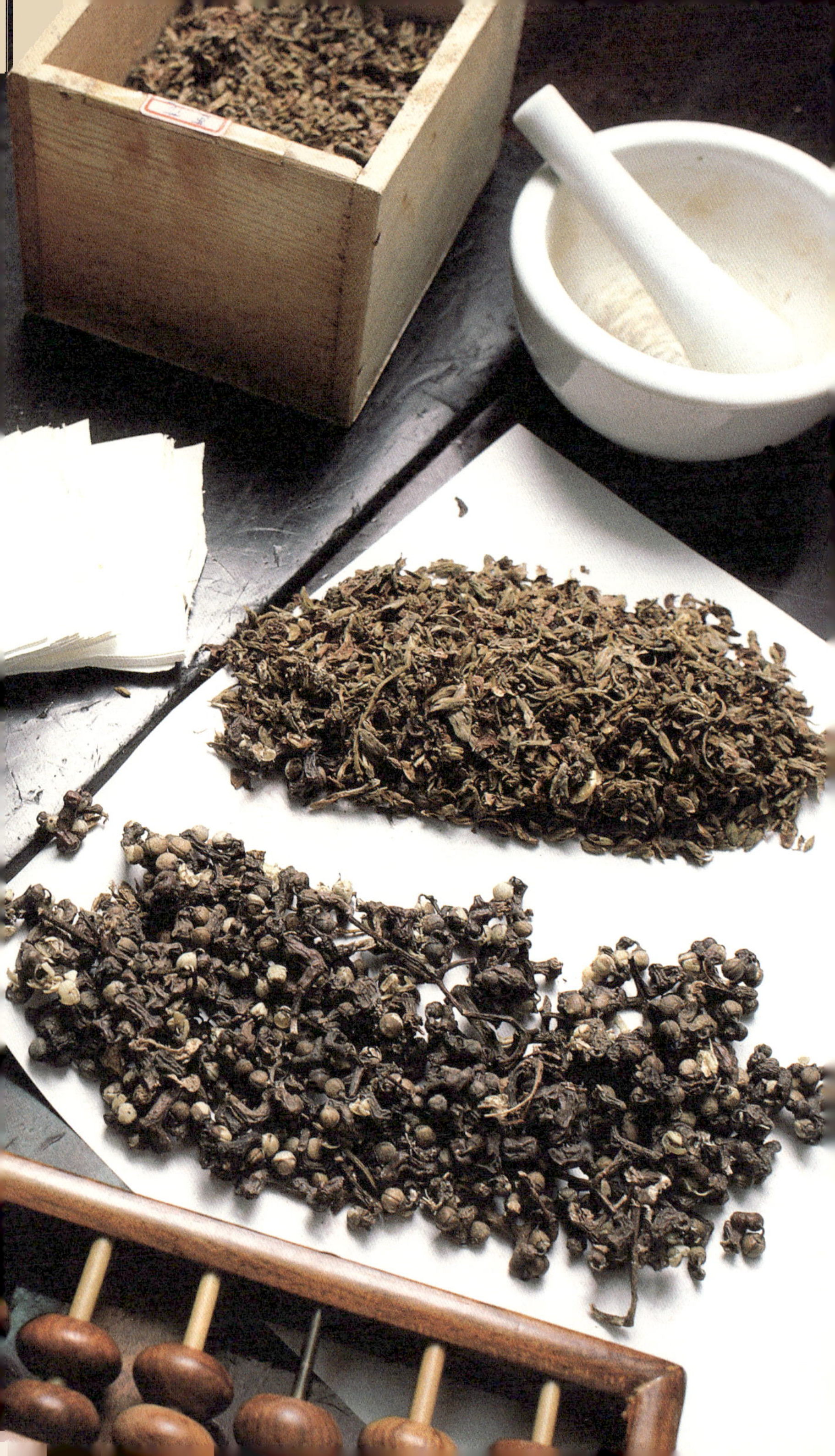

贰 茶品

中国现代的茶,品类繁多,形美名雅。习惯上根据制法和品质差异,将茶划分为绿茶、红茶、乌龙茶(青茶)、白茶、黄茶和黑茶六类,另外还有二次加工的花茶类和药茶类。各类茶又可进一步区分,如绿茶又分炒青、烘青、晒青、蒸青。成品更进一步以产地或茶形命名,如晒青中的滇青、川青,炒青中的龙井、碧螺春等。各种茶的演化与发展都有它的历史渊源,由它们的命名,也可以追寻中国茶文化的发展轨迹。

茶叶形状纤巧,所以也是被取作命名的重要依据,如六安瓜片、杭州雀舌、浙江珠茶、君山银针即是。以产地或名胜命名,也是茶叶取名的一个重要方法,如黄山毛峰、蒙顶黄芽、普洱茶、西湖龙井等。

不仅现代名茶众多,历史上的名茶也是数不胜数,现在就让我们由历代贡茶说起,概略浏览一下历史上的名茶,回味一下那些著名的茶品。

1
龙团凤饼说贡茶

向帝王献茶,按史料记载最早当始于隋代。隋炀帝游江都患了头痛病,天台山智藏和尚献茶疗病,但是所献之茶还不能算是贡茶,只有官营督造专门为皇室生产的才是贡茶。

唐代宗时官府已专设贡茶院,当时最著名的贡茶院设在宜兴的顾渚山,每年役茶工数万人,采制贡茶"顾渚紫笋"。每当清明前后贡茶制成后,快马直送长安进贡,新茶一到,宫中一片欢腾。宜兴顾渚至长安快马需十日,所以这新茶又有了"急程茶"的名号。

唐德宗时的湖州刺史袁高,曾经督造紫笋贡茶。他有一首《茶山诗》,道及制作贡茶的茶工的艰辛:"动辄千金费,日使万民贫……选纳无昼夜,捣声昏继晨。"唐宣宗时的李郢也有一首《茶山贡焙歌》,写了贡茶的采制,道及茶工的辛酸:

使君爱客情无已,客在金台价无比。
春风三月贡茶时,尽逐红旌到山里。
焙中清晓朱门开,筐箱渐见新芽来。
陵烟触露不停采,官家赤印连帖催,

朝饥暮匍谁兴哀？喧阗竞纳不盈掬。
一时一饷还成堆，蒸之馥之香胜梅。
研膏架动轰如雷，茶成拜表贡天子。
万人争嗽春山摧，驿骑鞭声砉流电，
半夜驱夫谁复见？
十日王程路四千，到时须及清明宴。
……

除了专制贡茶的贡茶院，唐代其他一些重要的产茶地区也将生产的上等茶进贡。这样的贡茶主要出产在夷陵、巴东、云安、汉阴、汉中、晋陵、吴兴、新定、常乐、鄱阳、灵溪、寿春、庐江、蕲春、义阳、芦山等16个郡，大体相当于现在的川、鄂、陕、苏、浙、闽、赣、湘、皖、豫等地区。

唐代贡茶的品类，比起后代名目还不算多，据《唐国史补》的记载，主要有下列十数种：

"剑南蒙顶石花，或小方或散芽号为第一，湖州有顾渚之紫笋，东川有神泉小团、昌明兽目，峡州有碧涧明月、芳蕊茱萸簝，福州有方山之露牙，夔州有香山，江陵有南木，湖南有衡山，岳州有㴩湖之含膏，常州有义兴之紫笋，婺州有东白，睦州有鸠坑，洪州有西山之白露，寿州有霍山之黄牙，蕲州有蕲门团黄。"

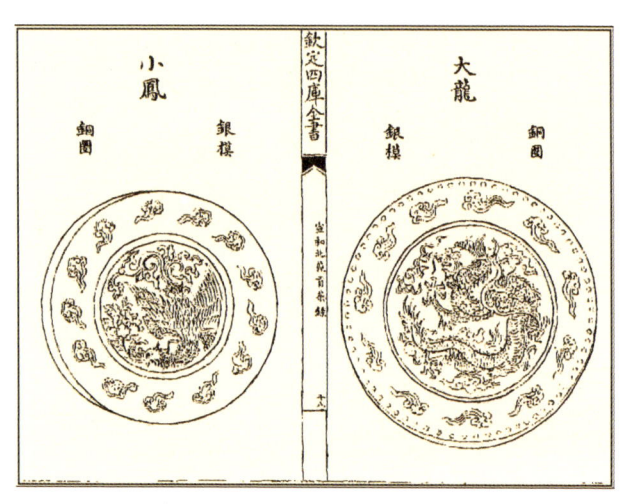

《宣和北苑贡茶录》描绘的龙团凤饼

到了宋代，饮茶更为普及，帝王贵胄嗜茶成风，促成了贡茶向更大规模发展。当时除继续保留顾渚山贡茶院外，又在福建建安兴建官焙机构，采建安茶上贡。宋太宗时开始在建安北苑遣使造茶，以龙凤外模紧压成团饼，以与民间所产相区别，这就是龙团凤饼贡茶的由来。

宋真宗时任福建转运使的丁谓，曾监造四十饼龙凤茶进献，他因此受宠，得官参政，晋封晋国公。丁谓所造为大龙凤茶，合八饼为一斤。到宋仁宗时，蔡襄任福建转运使，改大龙凤茶为小龙凤茶，合二十八饼为一斤，更得皇上欢喜。

到宋神宗时，又制出比小龙凤团饼更佳的"密

① 万春银叶　②雪英　③瑞云祥龙

④ 宜年宝玉　⑤长寿玉圭　⑥太平嘉瑞

宋代贡茶龙团图案

云龙",哲宗时又有至品"瑞云祥龙"。宋徽宗时的福建转运使郑可简督造了新品"银丝水芽",精选熟茶芽又剔去叶子,仅存一缕茶心,压模后有龙形蜿蜒,又号"龙团胜雪"。

北苑贡茶不断翻新,前后所出极品有四五十种之多,而且都冠以高雅的名号,透出一种富贵之气。据《北苑贡茶录》所载,贡茶品类主要有以下这些:

贡新銙	试新銙	白茶	龙园胜雪
御苑玉芽	万寿龙芽	上林第一	乙夜清供
承平雅玩	龙凤英华	玉除清赏	启沃承恩
雪英	云叶	蜀葵	金钱

玉华	寸金	无比寿芽	万春银叶
玉叶长春	宜年宝玉	玉清庆云	无疆寿龙
瑞云翔龙	长寿玉圭	兴国严铸	香口焙铸
上品拣芽	新收拣芽	太平嘉瑞	龙苑报春
南山应瑞	兴国严拣芽	兴国严小龙	
兴国严小凤	拣芽 小龙	小凤 大龙	大凤

除上述之些品类,"又有琼林毓粹、浴雪呈祥……延年石乳……"等。

北苑贡茶最多时达四千余色,年贡四五万斤。丁谓有《北苑茶》诗自夸云:"北苑龙茶著,甘鲜的是珍。四方惟数此,万物更无新。"转运使督造了如

北苑贡茶　　　　　　古代的龙团凤饼样

此珍美的贡品,加官晋爵,自得极了。

贡茶数量这么大,皇帝就是拿它当饭吃,也是享用不尽的,所以他乐得将剩余的龙团凤饼赐给近臣,让他们又多了一个感恩戴德的机会。苏轼出知杭州时,宣仁皇后特遣内侍赐以龙茶银盒,以示厚爱之意。不过位不及宰相,是很少有机缘得此厚爱的。

欧阳修任龙图阁学士时，仁宗赵祯曾赐给中书、枢密院八大臣小龙团饼，八人欢天喜地，茶饼平分而归。这御赐龙茶拿回家后，各人舍不得饮它，当作家宝珍藏起来。待有尊客造访，方才取出传玩一番，以为莫大的荣耀。按当时的价值一斤龙茶值黄二两，正所谓"金可有而茶不可得"，贡茶的身价真是贵重之极。难怪欧阳修说分得小龙团，只是捧玩，"每一捧玩，清血交零而已"。

宋代文学家王禹偁作有一首大臣受赐贡茶的诗，题为《恩赐龙凤茶》：

样标龙凤号题新，赐得还因作近臣。
烹处岂期商岭外，碾时空想建溪春。
香于九畹芳兰气，圆似三秋皓月轮。
爱惜不尝惟恐尽，除将供养白头亲。

有趣的是，近臣们所得的龙凤茶，说不准还会有假冒的水货，皇帝所用也未必全为真品。宋人庞云英《文昌杂录》便记有一位转运使造假龙团的事，他造假数百斤，后来皇帝将这些茶赐给了宗室近臣。皇帝所赐，假的也是珍贵的，更何况受赐者压根儿就不会怀疑它的真伪。

元代除了保留宋时旧有的贡茶院以外，又在武夷设御茶园，役使数以千计的焙工大造贡茶。到了

金瓜贡茶，普洱茶在清代也成为贡品

明代，由于团饼茶逐渐被散茶取代，贡茶也开始改制芽茶。明初最好的贡茶出自福建建宁（今南平），名品有探春、先春、次春、紫笋等名号。到了清代，贡茶在许多重要的产茶地都有制作，皇帝还出面指封名茶，新的贡茶层出不穷。康熙皇帝南巡太湖，巡抚宋荦购买朱正元精制"吓杀人香"茶上贡，康熙改名曰"碧螺春"，从此它就成了每年必办的贡茶。乾隆皇帝还曾微服品尝龙井茶，封御茶树，使龙井茶成为又一品贡茶。

2 历代名茶

中国现代的名茶,据统计有数百种之多。这些名茶一部分为新创,如南京雨花茶、天柱剑毫、千岛玉叶、都匀毛尖、上饶白眉、秦巴雾毫、汉水银梭等。一部分名茶为恢复的传统名茶,如九华毛峰、龟山岩绿、蒙顶甘露、天池茗毫、青城雪芽、顾渚紫笋、雁荡毛峰等。还有一部分为历史名茶,如西湖龙井、庐山云雾、洞庭碧螺春、黄山毛峰、信阳毛尖、六安瓜片、群山银针、云南普洱、安溪铁观音、武夷岩茶、祁门红茶等。

从唐代开始,历代培育制作出许多茶叶名品。除了上面我们已提及的贡茶外,各朝代重要的名茶和产地还可列举很多(见表)。

中国历代重要的名茶和产地		
朝代	茶叶名称	今产地
唐代	霍山黄牙	安徽霍山
	蕲门团黄	湖北蕲春
	蒙顶石花	四川雅安
	神泉小团	云南东川
	方山露牙	福建福州
	邕湖含膏	湖南岳阳
	西山白露	江西南昌
	绵州松岭	四川绵阳
	天目山茶	杭州天目山
宋代	日铸茶	浙江绍兴
	雅安露芽	四川雅安
	临江玉津	江西清江
	纳溪梅岭	四川泸州
	巴东真香	湖北巴东
	普洱茶	云南西双版纳
	鸠坑茶	浙江淳安
	宝云茶	浙江杭州
	白云茶	浙江乐清
	月兔茶	四川涪陵
	龙井茶	浙江杭州
	沙坪茶	四川青城
	武夷茶	福建武夷山
	青凤髓	福建建安

朝代	茶叶名称	今产地
元代	泥片	江西赣州
	绿英	江西宜春
	华英	安徽歙县
	金茗	湖南长沙
	开胜	湖南岳阳
	东首	河南潢川
	清口	湖北秭归
明代	玉叶长春	四川雅安
	柏岩	福建闽侯
	白露	江西南昌
	骑火	四川龙安
	云脚	江西宜春
	绿昌明	四川剑阁
	罗岕茶	浙江长兴
	瑞龙茶	浙江绍兴
	溪茶	浙江嵊县
	龙湫茶	浙江乐清
	方山茶	浙江龙游
清代	武夷岩茶	福建崇安
	黄山毛峰	安徽黄山
	祁门红茶	安徽祁门
	婺源绿茶	江西婺源
	石亭豆绿	福建南安
	敬亭绿雪	安徽宣城
	涌溪火青	安徽泾县
	六安瓜片	安徽六安
	太平猴魁	安徽太平
	信阳毛尖	河南信阳

朝代	茶叶名称	今产地
清代	舒城兰花	安徽舒城
	泉岗辉白	浙江嵊县
	庐山云雾	江西庐山
	君山银针	湖南岳阳
	屯溪绿茶	安徽休宁
	白毫银针	福建政和
	莫干黄芽	浙江余杭
	九曲红梅	浙江杭州
	温州黄汤	浙江温州
	峨眉白芽	四川峨眉山
	贵定云雾	贵州贵定
	鹿苑茶	湖北远安
	天尖茶	湖南安化
	凤凰水仙	广东潮安
	南山白毛	广西横山
	苍梧六堡茶	广西苍梧
	安溪铁观音	福建安溪

判断名茶的标准，按茶学家的说法，要从色、香、味、形四方面衡量。如西湖龙井因以色绿、香郁、味醇、形美四绝而著称，被认定为全优茶品。在古代，名茶产量并不高，以稀为贵，一经名家、名流品评认可，便可声名远扬。现在有一种不主张扩大名茶产区的意见，正是从这个角度考虑的，认为名茶一滥一多，反会损害它的声望。

名茶的形成，需要多方面的条件。首要的是自然条件，名山、大川、清泉，孕成茶叶的优良自然品质。其次是独到的制作工艺，能工巧匠给予茶叶优秀的色、香、味、形品质。再次是历史文化条件，名人品评传扬赋予茶叶独特的文化内涵。有人这样写道：名山名寺出名茶，名种名树生名茶，名人名家创名茶，名水名泉衬名茶，名师名技评名茶。概略阐发了名茶产生的几个重要条件，是一个比较全面的说法，很有道理。

下面就让我们选择历史名茶中最重要的若干名品，借以往茶人对它们的品评，品一品它们优良的色、香、味、形。

3 五彩香茗

许多名茶，都以色泽命名，唐代贡茶顾渚紫笋和清代祁门红茶即是。古今习惯以绿、红、白、黑、黄、乌几色命名茶叶，由于各色茶类是用不同方法制作的结果，所以从茶色、茶名上即可判明茶品的风味，给饮者指明了一个非常简明的选择标准。

茶显五彩之一色，有不同香、不同味，甚至不同功、不同趣。

绿　茶

是各色茶叶历史最为悠久的一种，品类也最多，主要成色为清汤绿叶。绿茶中的珍品主要有西湖龙井、黄山毛峰、庐山云雾、洞庭碧螺春、太平猴魁、六安瓜片、都匀毛尖、四川蒙顶茶、信阳毛尖等。

西湖龙井　龙井茶产于杭州西湖左近群山，因佛寺龙井泉而得名。宋代时这一带的茶品已列为贡品，到明代更为知名。清代乾隆皇帝还亲到产地品饮了龙井茶，封有御茶树。龙井茶采制技术十分考究，讲究的是早、嫩、勤。以清明前所采最佳，称为"明前"；清明后采的芽叶，称为"雀舌"；谷雨前所采芽叶，称为"雨前"。这三种都是做高级龙井茶的原料。据称1千克龙井特级茶的有七八万个茶芽，需10位熟练采茶女采摘一天。高级龙井茶全靠一双手在铁锅中翻炒而成，炒制手法有抖、搭、拓、捺、甩、抓、推、扣、压、磨等，称为"十大手法"。龙井茶色泽翠绿、叶形扁平光滑如"碗钉"，汤色碧绿明亮，滋味甘醇鲜爽。清代茶人陆次之赞龙井茶云："龙井茶真者甘香而不冽，啜之淡然，似乎无味。饮之过后，觉有一种太和之气，弥沦于齿颊之间，此无味之味，乃至味也。为益于人不浅，故能疗疾，其贵如珍，不可多得。"看来得花点工夫细品慢啜，才能领略到它的甘香醇美。

黄山毛峰 黄山产茶始于宋代，至明代时已有大名气，清代时黄山所产云雾茶、翠雨茶，为毛峰茶前身，黄山毛峰始创于清光绪年间，主要销往东北与华北一带。黄山毛峰采摘标准为一芽一叶初展，为保质保鲜，当日采当日制。制作分杀青、揉捻、烘焙三道工序，特级茶不揉。特级黄山毛峰为毛峰茶中的极品，形似雀舌，峰显毫露；色如象牙，茶叶金黄；汤色清澈，滋味鲜浓。

洞庭碧螺春 产于太湖洞庭山，清时产野茶名"吓杀人香"，有人贡入朝中，康熙帝更名为碧螺春。或说茶产洞庭之螺峰而得名，亦以为茶色绿外形如螺而有碧螺之名。碧螺春茶以茶果间作方式种植，茶与桃、李、梅、柿、橘、白果、石榴等果木套种，茶树果树枝丫相接，根脉相遇，花香果味浸润茶品。碧螺春采制讲究早采、嫩摘、净拣，以春分至清明采

制的明前茶品质最高。炒制技法要点是：手不离茶，茶不离锅，揉中带炒，炒中有揉，连续操作，起锅即成。炒制的主要工序为杀青、揉捻、搓团显毫、烘干。碧螺春茶的特点是外形卷曲成螺形，满身披毫，银白隐翠，香气浓郁，具花香果味，滋味鲜醇甘厚，汤色碧绿清澈。

庐山云雾 产于风光奇秀的庐山。庐山晋代即产茶，宋代时产贡茶。采茶晚于谷雨，茶芽肥嫩。炒制经杀青、揉捻，初干、搓条、提毫、烘干多道工序。外形显紧结重实，色泽翠绿，香如幽兰，滋味鲜爽，汤绿透明。

太平猴魁　产于安徽黄山的太平。清末猴坑茶农王魁成在凤凰尖茶园精选上等茶叶，制成王老二魁尖，后称为"猴魁"，名声很大。太平猴魁的采摘技术极高，有"四拣"之说，一拣高、阴、雾的茶山，二拣树势茂盛的茶丛，三拣粗壮挺直的嫩枝，四拣芽叶肥壮的叶"尖"。通常是上午采摘，中午拣选，当天即制为成茶。制茶工艺包括杀青、毛烘、足烘、复焙四道工序，制成上品为猴魁，其次魁尖，再次者有贡尖、天尖、地尖、人尖、和尖、元尖、享尖等。猴魁的外形为两叶抱芽，自然舒展，有"猴魁两头尖，不散不翘不卷边"之说。汤色青绿，香味独特，有"猴韵"之誉。

六安瓜片 产于安徽六安。始创于 20 世纪初，片状茶叶形近瓜子，逐渐得名为"瓜片"。六安瓜片于谷雨后采摘，炒制分生锅、熟锅、毛火、小火、老火五道工序。生锅主要作用是杀青，炒至叶片变软即扫入熟锅，边炒边拍，使茶叶成为片状。叶片定型时，便上烘笼烘到八九成干，即是毛火，毛火后一天以小火烘至足干。最后还要用老火翻烘几十次，烘至绿叶带霜，趁势装入铁筒。瓜片茶外形平展，不含芽尖，汤色清亮，滋味醇甘。

都匀毛尖 产于贵州都匀。创制于 20 世纪初，后来工艺失传，多年后又制成新一代的毛尖茶。毛尖茶选用当地苔茶良种，芽叶肥壮。在清明前后开采，采一芽一叶初展，制 500 克优质茶需芽头五六万个。采回的芽叶先摊干水汽，然后经过杀青，揉捻，搓团提毫，干燥四道工艺制成。成茶颜色绿中带黄，汤色绿中透黄，叶底绿中显黄，形成"三绿透三黄"的特色。

信阳毛尖 产于河南信阳。信阳产茶历史悠久，20 世纪初毛尖茶已享誉国外，50 年代列为全国十大名茶之一。芽叶采摘稍晚，在 4 月中下旬开采，鲜叶摊放后再行炒制，分生锅和熟锅两次炒成，然后烘干。信阳毛尖外形为细圆直紧的条形，汤绿味浓，清香袭人。

蒙顶茶 产于四川蒙顶山。蒙顶茶在汉代就已创制，久负盛名，到唐代开始便作为贡茶，成为历代帝王的喜爱之物。历史上的蒙顶茶为寺院茶，采摘和炒制均由寺僧承担，制成的名品有雷鸣、雾钟、石芽、甘露、米芽。其中蒙顶甘露制工精良，品质尤佳。甘露采摘早在春分时节，采单芽或一芽一叶初展，加工分高温杀青、三炒三揉、整形、精细烘焙数道工序。茶形紧卷多毫，汤色碧清微黄，滋味鲜爽回甘。

红　茶

为发酵茶，经萎凋、揉捻、发酵、干燥等工艺制成。红茶品种也很多、名品也不少。其中工夫红茶和小种红茶为中国所特有。红茶色泽黑褐油润，香气浓郁，滋味醇厚，汤色红艳透黄。名品有滇红工夫、祁红工夫、正山小种等。

滇红工夫　产于云南西部和南部。滇红创制很晚，距今不过几十年的历史，由于一开始就高价销往海外，名声很大。滇红春、夏、秋三季均可采制，以春茶品质最优。茶形条索紧结，色泽乌润，汤色艳亮，滋味浓厚。

祁红工夫　产于安徽祁门，有一百多年的生产历史，外销极受欢迎。祁红又称"祁门香""王子茶""群芳最"，与印度大吉岭茶、斯里兰卡乌伐季节茶，并称为世界三大高香茶，在国际市场上评价很高。祁红茶要分批多次采摘，特级茶以一芽二叶为原料标准，有春茶，也有夏茶。制茶分萎凋、揉捻、发酵、烘干和精制数道工序，讲究文火慢烘，充分发挥茶叶的香气。祁红外形苗秀，色泽乌黑泛光（俗称"宝光"），香气浓郁，汤色红艳，滋味醇厚。

正山小种　福建特产小种红茶，分为正山小种和外山小种。正山小种产于崇安星村，又称星村小种。别地仿正山品质的小种茶，则称为外山小种。正山小种创制于清代，采摘虽不考究，但加工方法比较繁琐，要经过萎凋、揉捻、发酵、锅炒、复揉，复炒、筛分、干燥、拣剔、分级多道工序，干燥时将茶叶置竹筛中，下面用松木烟熏干，使正山小种具备特有的松木之香。茶叶外形条索肥实，色泽乌润，汤色红浓，香气高长，滋味醇厚。加奶饮用，茶香不减。

乌龙茶

又称青茶，为一种半发酵茶。其工艺过程主要是晒青、晾青、揺青、杀青、揉捻、干燥，茶叶既有绿茶的清香和花香，又有红茶的醇厚滋味。乌龙茶名品主要有武夷岩茶、铁观音、凤凰水仙、台湾乌龙等。

武夷岩茶　产于福建武夷山。武夷茶在唐代时已是馈赠珍品，宋代时已制成贡品，到明代创制武夷岩茶，这是最早的乌龙茶。武夷岩茶的采制不同于一般茶品的方法，采一芽三四叶为原料，采摘时间较其他茶要迟，春茶在立夏前采，夏茶在芒种前采。制作要经过萎凋、做青、杀青、揉捻、初焙、干焙几道工序，工艺介于红茶和绿茶之间。古人用活、甘、

清、香四字描述武夷岩茶的风韵，它香气浓郁，滋味清活，生津回甘。岩茶泡汤后，叶底为绿叶镶边，呈"三红七绿"样式。

铁观音 产于福建安溪。铁观音原为一种茶树的名字，这种茶叶适宜制乌龙茶，所以茶品命名为铁观音，又有红心观音、红样观音的别名。铁观音一年分四季采制，制成春、夏、暑、秋茶，以春茶最优。

制作经过晾青、晒青、做青、炒青、揉捻、初焙、复焙、复包揉、文火慢焙、拣簸等工序，茶形卷曲沉壮，色泽鲜润，汤色金黄浓艳，滋味甘鲜，有"七泡有余香"的赞誉。

凤凰水仙　产于广东潮安。凤凰水仙四季采制，分别制成春茶、夏茶、暑茶、秋茶、雪片茶。制作分晒青、晾青、碰青、杀青、揉捻、烘焙几道工艺，其中烘焙这一道工序就要有三次。凤凰水仙外形粗壮挺直，色泽浅褐泛朱红点，汤色橙黄明亮，香气持久，滋味醇爽。

台湾乌龙茶　产于台湾。创制于一百多年前，为台湾主要的外销茶。台湾乌龙茶为乌龙茶中发酵程度最重的一种，最接近红茶。采摘以一芽一叶和一芽二叶为标准，制作经过萎凋、炒青、回软、揉捻、焙干几道工序。台湾乌龙茶芽肥壮，条短毫显，呈红、黄、白三色。汤色为橙红色，叶底浅褐带红边。

白　茶

为中国特产，属轻微发酵茶。主要通过晾晒和干燥工艺制成。干茶外表披满白色茸毛，汤色浅淡，滋味甘醇。白茶名品有银针白毫、白牡丹、贡眉等。

银针白毫　产地为福建的福鼎和政和。创制于清代，为白茶中的上品，又称为银针或白毫。银针只采春茶，以一芽一叶为采摘标准，采下后，将茶叶静态萎凋，然后焙干，再复火趁热包装。银针芽头肥壮，披满白毫，挺直如针，色白似银；汤色浅黄，滋味清鲜爽口。银针因未经揉捻工艺制作，茶汁不易浸出，所以冲泡需较长时间。

白牡丹　产于福建建阳，创制于20世纪20年代，只制春茶。白牡丹精采一芽一叶，制作不经炒揉，只用萎凋和焙干两道工艺。成茶为两叶抱一芽，色泽深绿，汤色杏黄，滋味鲜醇。

贡眉　产于福建建阳。采制工艺与白牡丹相同，但茶树品种为菜茶，而不是制白牡丹的大白茶，所以又有"小白"之称。贡眉色泽翠绿，汤色橙黄，滋味醇爽。

黄　茶

轻发酵茶，制作工艺接近绿茶，因多一道闷黄工艺，使茶叶呈现黄汤黄叶的特点，所以成为黄茶。黄茶名品主要有君山银针、霍山黄芽等。

君山银针　产于湖南洞庭湖。洞庭湖中的君山清代制成贡茶，称为白毛茶，后来的君山银针就是由它演变而来的。君山银针于清明前三日开始采，拣采芽头，经杀青、摊晾、初烘、初包、复烘、摊晒、复包、足火多道工艺制成，需要三天三夜的时间。成茶芽头肥壮挺直，色泽金黄，汤色橙黄，香气清纯。芽头在杯中冲泡时忽升忽降，有"三起三落"之说。沉底的芽头都竖立于杯底，芽尖向上，有滋味也有趣味。

霍山黄芽 产于安徽霍山。黄芽自唐代时即有出产，明代为茶中极品之一，清代列为贡茶。霍山黄芽在谷雨时开采，当日制为成茶。制作工艺分杀青、初烘、摊晒、复焙、足烘五道。成茶外形如雀舌，叶色嫩黄，汤色清明，滋味醇厚，有熟栗子香气。

黑 茶

为后发酵茶，产量仅次于红茶和绿茶。茶多制成紧压茶，销往周边地区。制成的紧压茶有茯砖茶、黑砖茶、花砖茶、青砖茶、方包茶、六堡茶等。有名的普洱茶也属黑茶。

老青茶 产于湖北咸宁一带。老青茶已有一百多年的生产历史，开始为篓装茶，称为炒篓茶，后来制成老青砖茶。制青砖茶的老青茶分面茶和里茶两种，面茶是经杀青、初揉、初晒、复炒、复揉、沤堆、晒干几道工艺制成，里茶是经杀青、揉捻、沤堆、晒干而制成，后者工艺略为简单。一级老青茶条索较紧，色泽乌绿。

四川边茶 产于川南川西，分称南路边茶和西路边茶。四川边茶的生产最早开始于宋代，明清时期生产规模很大，有专门的营销机构。南路边茶是采割茶树枝叶加工制成，有毛庄茶和做庄茶之分。杀青后不蒸而干燥的，为毛庄茶；杀青后经扎堆、晾晒、蒸湿、发酵而干燥的，为做庄茶。做庄茶色泽棕褐，香气醇正，滋味平和，汤色明亮。毛庄茶品质稍次，赶不上做庄茶。西路边茶工艺较简单，采割茶树枝叶杀青后晒干即成。

六堡茶　产于广西苍梧。六堡茶的生产已有二百多年的历史。它是采摘一芽几叶经杀青、揉捻、沤堆、复揉、干燥几道工序制成。成茶色泽深褐，汤色红浓，滋味甘爽。六堡茶有散茶，也有紧压茶，可以直接饮用。

普洱茶　主产云南。普洱茶在唐代就有生产，称为普茶。普洱茶采大叶茶鲜叶，经杀青、揉捻、晾晒、发酵几道工序制成。成茶色泽乌润，滋味醇厚。普洱茶制的紧压茶有沱茶、饼茶、砖茶等，它因有明显的保健功效而久负盛名，有"美容茶""益寿茶"的美誉。

4 锦上添花的花香茶

唐代人饮茶,有的要佐以调味品,如《茶经》所说,煮茶时要入葱、姜、枣、橘皮、茱萸、薄荷等,制成调味茶。到了宋代,则制有香料茶,如《茶录》所述,茶中加入龙脑助其香。南宋时即有以鲜花焙茶的记述,施岳《步月·茉莉》词即自注以茉莉焙茶,这是最早的花香茶。

到了明代,果香茶、花香茶的制作方法已经比较完善,品种也不少。顾元庆所著《茶谱》便提到用橙皮熏制橙香茶,同时还提及莲花茶的巧妙制法。当时制莲花茶,是在日出之前将未开莲花剥开,放一

撮细茶至花蕊中，用麻绳包扎好。到第二天早上摘花取出茶叶焙干。要这样反复多次，让茶叶吸收荷花的清香。

明代程荣的《茶谱》开列了当时所制花茶的品种，也记述了制作方法。他说，木樨、茉莉、玫瑰、蔷薇、蕙兰、莲花、菊花、栀子、木香、梅花都可用于制作花香茶。这些花在半含半开之时就被采下，一分花三分茶叶的比例，一层花一层茶装入瓷罐中，密封后放锅内煎煮，然后取出焙干，花香茶就制成了。

到了清代，开始生产大量的商品花茶，福州成为窨制花茶的中心。以后，苏州又成为出产花茶的中心，制出了各种各样的花香茶。用于作花香茶的茶叶叫茶坯，用不同的茶坯制出的花香茶品质有明显的区别，如炒青花茶、烘青花茶、红茶花茶、乌龙花茶，各自有明显的特点。人们习惯于以香花原料来区分花香茶，如有茉莉花茶、白兰花茶、珠兰花茶、柚子花茶、玳玳花茶、栀子花茶、桂花茶和玫瑰花茶等。传统上制作茉莉花茶常以烘青绿茶作茶坯，称为茉莉烘青；玫瑰花茶多以红茶作茶坯，称为玫瑰红茶。

窨制花茶一般要经过采花、拌和、散热、分离干燥几道工序。采用的香花不同，制作工艺也有差异。由于后来花茶的产地扩大了，所以人们习惯于以产地冠于茶名之前，如茉莉烘青，福州、杭州、苏州都有名品出产，其他地方也有出产的，都冠以地名以示区别。下面我们就来谈谈用茉莉、珠兰、桂花、白兰、玫瑰窨制的几种花香茶,品一品这些茶香与花香兼备的美茶。

茉莉花茶

花香茶中,以茉莉花茶产区最大,产量也最高。茉莉花茶主要以烘青绿茶为原料,成茶统称茉莉烘青。它的色泽黑褐油润,香气持久,滋味鲜爽,汤色黄绿。还有用龙井、大方、毛峰等特种绿茶窨花茶的,分别称为花龙井、花大方、茉莉毛峰,统称特种茉莉花茶。例如做茉莉花茶,要采用优良伏季茉莉花,上等茉莉花茶要经"七窨一提"的工艺制成,不仅滋味甘醇,而且花香袭人。

珠兰花茶

主产地在安徽歙县。所用花料为米兰和珠兰,香气芬芳雅静。以黄山毛峰、徽州烘青等优质绿茶为茶坯,通过拼花窨花、通花散热、带花复火几道工艺制成。成茶色泽墨绿油润,香气清醇,汤色淡黄,滋味鲜爽。珠兰黄山芽为珠兰花茶中的极品,色泽深绿,滋味甘美,芳香持久。

桂花茶

广西桂林的桂花烘青,福建安溪的桂花乌龙,四川、重庆的桂花红茶,为桂花茶中的精品。适合制作桂花茶的桂花有金桂、丹桂、银桂和四季桂等。花香味浓厚持久,不论窨制红茶、绿茶,还是乌龙茶,效果都很好。桂花乌龙色泽深褐，汤色橙黄，滋味醇厚，香气持久。桂花烘青色泽绿，香气浓郁，汤色绿黄，滋味香醇。

白兰花茶

产量仅次于茉莉花茶，以白兰花为花料，也有以黄兰花和含笑为原料的。白兰花茶以烘青绿茶为茶坯，成茶色泽墨绿，香气浓烈，滋味醇厚，汤色黄绿。一般多以中低档烘青绿茶为坯料，所以产量较大，主销山东和陕西等地。

玫瑰茶

玫瑰、蔷薇、月季，花香浓郁，用它们窨制的玫瑰花茶主要有玫瑰红茶、玫瑰绿茶、墨红红茶等，著名的有广东玫瑰红茶、杭州九曲红玫瑰茶等。

随着科学技术的发展，茶叶生产又有了新的发展，茶叶饮料产品又开发出了许多新的品种。总的发展趋势是饮用更加方便，形态液体化。新出现的茶叶和含茶饮料的品种，有速溶茶、茶可乐、茶汽水、茶康乐、浓缩罐装茶、茶冰棍、冰茶和茶酒等。这些茶品的出现，改变了茶叶传统的饮用方法，进一步丰富了茶文化。

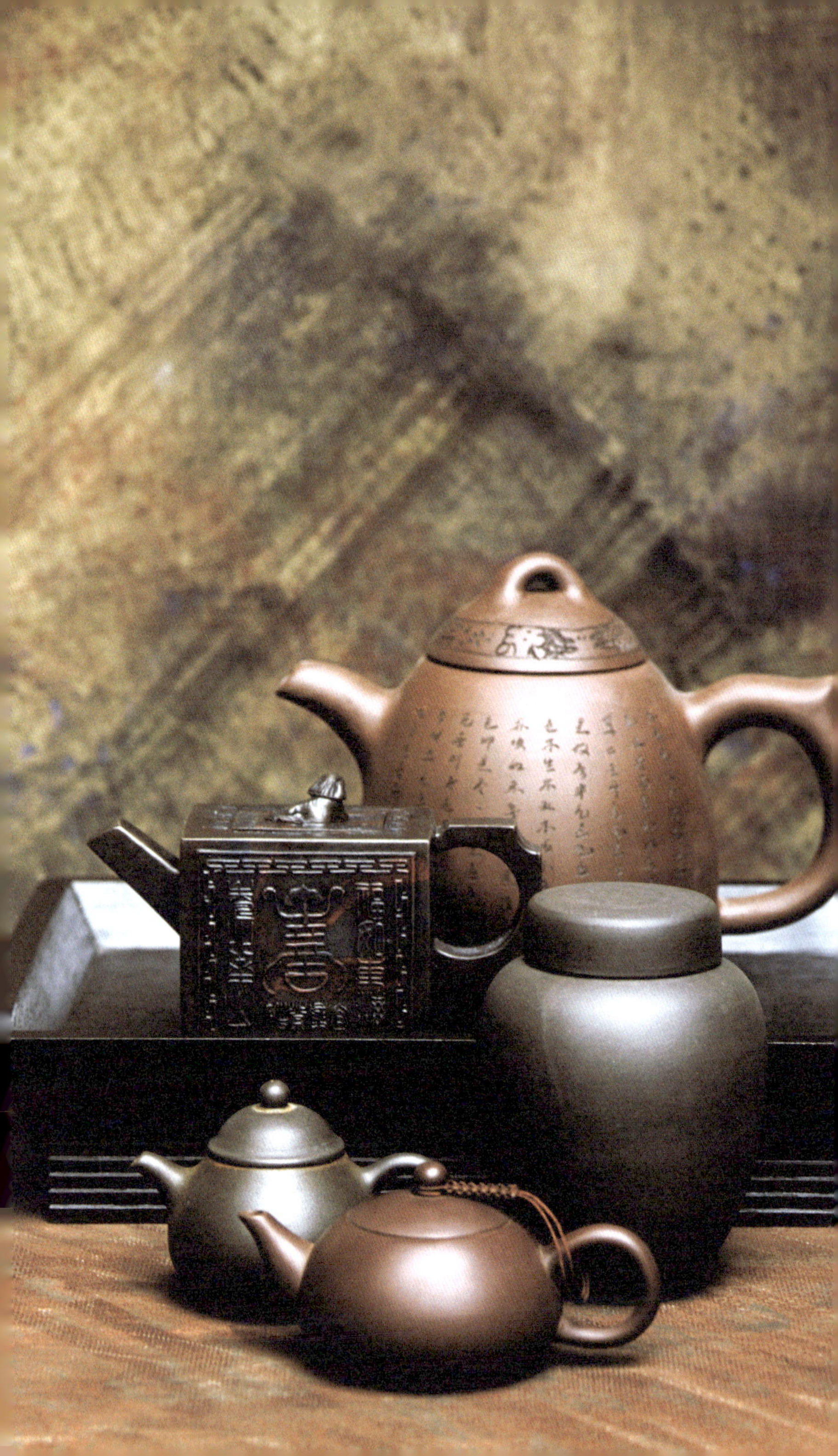

叁 茶具

饮茶须用茶具，因此茶具是中国茶文化的重要组成部分。随着时间的推移，它逐渐融实用与艺术于一身，成为领略品茗情趣不可缺少的一个方面。

中国历代曾有过许多茶具，从质地讲有金、银、玉、石、陶、瓷、水晶、玛瑙、木材、贝壳、玻璃、漆器等，其中瓷茶具使用最为普遍。从种类上看，有烘焙器、罗器、烹煮器、饮用器等。在形制、色彩、式样上则随着制茶、饮茶风尚的不同，以及情趣的改变，不断地演变、发展，不断地创造出式样新颖、千变万化，既实用又赏心悦目的茶具。

1 演变与发展

古代的茶具不是自饮茶伊始即已有之,而是发展到一定阶段后,才从日常的饮食器具中独立出来。

在远古时代,我们的先人最初是把茶叶作为药材和食料来采摘的。当时人们把嫩芽直接放入嘴中咀嚼,后来随着人类生活的进步,逐渐改变了生嚼茶叶的习惯,将茶叶放入炊器中,加水煮成茶羹饮用。大约在秦汉以后,经济条件和技术得到提升改善,陶瓷手工业有了进步发展,人们对茶叶的功能也有了新的认识时,开始出现了专用于饮茶的器具,饮茶便逐渐具有了仪式感。

西汉时的王褒在《僮约》中就提到"烹茶尽具,酺已盖藏",即是说在烹茶前要将茶具洗净备用。说明茶具与食用器已有了分别,不过当时的茶具还很简单,主要是烹茶用的陶釜或陶锅、饮茶用的陶碗。东汉时的陶瓷工匠们烧制出了真正的瓷器(以前是原始瓷),从而为茶饮的传播和茶具的专门化生产,以及茶具的发展演变创造了条件。考古中在浙江上虞发现了东汉时用的壶、碗、杯盏、贮茶瓮等青瓷茶具,就是当时茶具专门化生产的证据。

三国时饮茶风气在南方大部分地区得到普及，出现以茶代酒的习俗。《三国志·吴书·韦曜传》记载说："（孙皓）密赐茶荈以代酒。"又魏张辑所撰《广雅》说："荆巴间采叶作饼，叶老者饼成，以米膏出之。欲煮茗饮，先炙令赤色，捣末，置瓷器中，以汤浇覆之，用葱、姜、橘子芼之。"说明此时饮茶已经发展到把茶叶晒干制成茶饼的阶段，饮用时先将制好的茶饼在火上烤成"赤色"，然后打碎，再用擂钵捣成或茶碾碾成茶末，放入壶中注入沸水煮之，再加上葱、姜和橘子等调味。这时的茶具则增添了灼茶用的炙，碾茶用的研磨器石碾。

至少在东晋时，饮茶已开始用茶盏和盏托。盏多呈直口、深腹、饼足状，盏托呈盘形，内底心下凹，有的则凸起一个圆形托圈，使盏底正好置于其内，不

唐代越窑青瓷茶托盏

致倾倒。

南北朝时饮茶之风得到更广泛的传播，三国时的饮茶法一直沿用，后人称之为粥茶法。茶盏与盏托在南方普遍生产，考古在这时期的遗址和墓葬内多有发现。

唐代以后，饮茶风尚盛行，粥茶法渐为世人所不取，茶艺变得十分讲究。尤其是陆羽出游巴山峡川考察茶事、著述《茶经》一书以后，在制茶法逐渐完备的基础上，开始讲求繁复与文雅的饮茶技艺，对茶具的要求也不仅要适用与齐备，还要美观，在质地色泽上也要有所选择。据《茶经·三之造》所述，此时制茶是将春天采摘下来的鲜茶叶经过蒸、捣、揉、焙、封后压成茶饼或茶团。饮用时，先将茶饼碾成末后放入釜内沸水中烹煮，再配上盐和调料。这时要配备的茶器，在陆羽的《茶经》中共列了28种之多。

烤、碾、量器

夹 供炙茶时翻茶用。为小青竹所制，也可用精铁或熟铜制作，但不如小青竹适用。小青竹遇火能渗出津液，增加茶叶的清香味道。

竹筴 也就是竹箸，以桃木、柳木、蒲葵木、柿心木制成的，长一尺，两头用银包裹。

纸囊 供贮茶用，以减缓茶香散失。用剡藤纸，双层缝制。

碾 拂末　用于将炙烤过的茶饼、茶团碾成粉末。以枯木制作，内圆便于运转，外方防止倾倒，里面装一带轴轮盘。有时也以石或金属制作，一般形体不大。拂末，用羽毛做成，用于掸碾上的茶末。

罗合　罗即是筛，用于将碾碎的茶末筛出来。用竹片弯成圆形，绷上绢或纱。合是盒，存茶末于其内。用竹节成杉木制成。

则　则是量茶器。是用海贝、蛤蜊壳或铜、铁与竹木制作的小匙或小箕等。

生火、煮水器

风炉　灰承　供生火承釜炉用。以铜、铁铸成。灰承，供承灰用。以铁制成三足的铁盘。

筥　供盛炭用。以竹或藤编制成圆形的容器。

炭、挝　敲炭用的铁棒或锤子与斧子。

火筴　又名火箸，供取炭用。以铁、铜制成。

鍑　又名釜，用于烧水煮茶。以铁、石或瓷制成，也有用银制成的。

交床　十字交叉的架子，上面置一块剜去中部的木板，供放鍑用。

盛水、滤水、提水器

水方　盛水器。以木板制成，外表涂漆。

漉水囊　洁水器。骨架用生铜制作，可保持浸水后不产生苔秽和腥涩味，若用熟铜会产生铜绿，用铁会生锈，易带来腥涩味。也可用竹、木制作，但不耐用。囊用青竹丝制成，缀以绿色绢，再做一个绿油布袋，贮存滤下的水。

瓢　又名牺勺，作舀水用。以葫芦剖开制成。

熟盂　以陶瓷制成，供盛水用。

盛贮饮用器

鹾簋　揭　盛盐器。瓷制。有盆、瓶、壶不同器形。揭，取盐器，竹制。

碗　盛茶水用。瓷制。最著名的青瓷是浙江越窑的产品，最负盛名的白瓷是河北邢窑的产品，最有名的彩绘瓷是湖南长沙窑的产品。

札　调茶器。以笔或棕榈皮制成，为笔状。

畚　存放茶碗用。以白蒲编成，也可以用筥，内衬以双幅剡纸，呈方形。

具列　供收藏和陈设各种茶具。竹、木制成，呈床形或架形，可关闭。

都篮　用于贮放各种茶具。竹篾编成，长方形。

涤方　容器，供盛洗涤后的污水用，以楸木板制成。

滓方　容器，盛茶渣用。

巾　粗绸制成，计两块，供交替擦拭各种茶具。

从以上分述可见，唐代煮茶、饮茶的用具是非常繁杂的，一般百姓不可能置备齐全。同时也可知饮茶人对茶具的要求，是非常讲究的。然而即使这样仍不能满足皇室贵族的要求，他们还要用金、银等贵金属茶具，和当时稀有的秘色瓷及琉璃茶具来标示地位。法门寺塔地宫中出土的一套精美的金银茶具，就是唐僖宗为供奉佛祖用的，也是皇室成员的日常茶具。

唐代后期饮用茶末时又出现了一种新的方法，即将茶末直接撮入茶盏内，用一种带嘴的茶瓶在炭火上将生水煮沸，向盏中冲注，一面注水，一面用茶筅

辽墓壁画《点茶图》（河北宣化出土）

（筷子）或茶匙在盏中环回击拂。这种方法被称为"点茶法"，在唐代苏廙的《十六汤品》中有详细记述。此种方法较釜中烹煮法流行更快，宋代便在此基础上兴起了"斗茶"之风，并且一直延续到元代初期。

"点茶法"在宋辽时代的绘画中多有表现，如河北宣化辽天庆六年（1116）张世卿墓后室西壁壁画，

宋代厨娘画像砖（国家博物馆藏）

五代风炉与茶镬（河北唐县出土）　　五代茶炉样式

中间绘有一张朱红色方桌，桌上放有盛茶叶的圆盒和茶钵，以及两个放在茶托子上的瓷茶碗，桌前放置一个火势正旺的三足火炉，上面置有一冲点茶用的汤瓶，目的是将瓶内的汤煮沸。桌后两侧各立一侍者，左侧一人左手托着带有茶托的茶碗，右手持冲茶用的小调羹，在碗内搅动茶末。右侧一人左手扶桌面，右手执一汤瓶，正准备以瓶中沸汤去点左侧侍者手中托的碗中茶末。这幅画生动地再现了当时流行的点茶情景。

另外还有南宋人苏汉臣的《罗汉图》，画面有备茶进茶的场面，可见备茶所用的器具有石磨、拂末、茶盒、炭炉、汤瓶，进茶用具有盘、盏、托。中国历史博物馆收藏的几幅北宋厨娘画像砖上，表现有洗涤茶盏的厨娘，也见到正在用茶壶煮茶汤的厨娘，候汤的厨娘用火箸拨炭，炭炉中煨着一只茶壶。

从这几幅画中，可以看出点茶与煮茶所用的器具是不大一样的。一是煮茶用的是风炉，点茶用的是炭炉。风炉实物目前已知最早的是河北唐县出土的五代邢窑产的瓷质模型，炉为圆底圆筒形，三蹄足，腹部一侧辟双圆套叠形风穴，另一侧辟四条长方形通气孔。

炭炉实物，有人推测陕西法门寺唐塔地宫中出土的银质金双凤衔花五足朵带炉，就是煎茶汤用的火炉。

画中的第二个不同，是煮茶用的是鍑，点茶用的是瓶，又叫汤瓶。鍑均为圆锅形，在唐县与风炉同出土的还有一件鍑亦为白瓷质，为敛口双耳、鼓腹、平底形，与风炉正可配套。

茶瓶，能够确定的最早实物是西安出土的唐大和三年（829）王明哲墓中的一件。其形盘口，鼓肩，腹下收，平底，肩上出短流，施墨绿色釉，基本上符合《十六汤品》中对茶瓶的描述。

唐代中期以后，饮酒也出现用酒注斟酒，而茶瓶与酒注在造型上并不易区分，若是单看一物而无其他旁证，那是很难分辨的。

唐代末期，随着饮茶方法的改变和新的需要，茶瓶的流（嘴）开始逐渐加长。正如宋徽宗在《大观茶论》中所说，"瓶宜金银，大小之制，惟所裁给。注汤利害，独瓶之口嘴而已。嘴之口差大而宛直，则注汤力紧而不散；嘴之末欲圆小而峻削，则用汤有节

宋代《茶具图赞》中的"汤提点"　　宋代青白釉瓜棱形执壶　　唐代茶瓶（陕西西安出土）

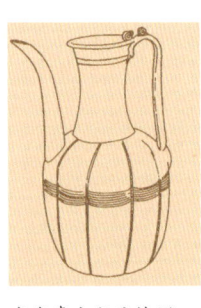

而不滴沥。盖汤力紧，则发速有节，不滴沥则茶面不破"。不过徽宗认为茶瓶宜用金银制作，自是贵胄口气。

《十六汤品》以为"贵欠金银，贱恶铜铁，则瓷瓶有足取焉。幽士逸夫，品色尤宜"。浙江临安出土的晚唐光化三年（900）钱宽墓中2件茶瓶，和江苏丹徒丁卯桥唐墓出土的一件银茶瓶，瓶嘴均较长沙窑的茶瓶稍长。南宋咸淳五年（1269）成书的《茶具图赞》中画的"汤提点"（茶瓶），其流又较上二件长了一些，为弯曲的细长嘴，口部峻削，很适合点茶。

南宋时的茶具在《茶具图赞》一书中共列了12种，多以官员名称命名，也很别致。分别有：

韦鸿胪（即烘茶炉）

木待制（即木茶桶，碎茶用）

金法曹（碾茶槽）

石转运（石磨）

胡员外（茶葫芦）

罗枢密（茶罗）

宗从事（棕帚）

漆雕秘阁（茶盏）

陶宝文（陶杯或碗）

汤提点（瓶）

茶盏里的寄托

韋鴻臚	木待制
金法曹	石轉運
胡員外	羅樞密

宗從事	 漆雕秘閣
 陶寶文	 湯提點
 竺副帥	 司職方

茶具

竺副帅（竹笼、筷子）

司职方（茶巾）

这些茶具与唐代茶具相比，已不显得那么繁杂了。从各地出土的茶具看，从唐代晚期开始不仅注重形制上的改变，还注重式样与装饰上的完美，也就是从造型到式样都突破了以往稳重但略显呆板的格局，而出现了活泼新颖的局面。晚唐的茶瓶多做成瓜棱形，还有圆形、扁圆形、椭圆形，铜官窑则在器腹外进行模印、贴花，从人物、动物到各种植物花卉的纹样都有。有的还在瓷器釉下施用不同的色釉，组成绿、褐、褐绿等彩色图案。

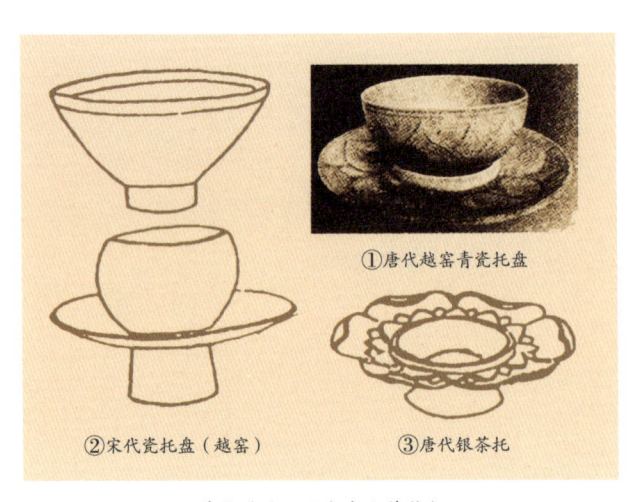

①唐代越窑青瓷托盘
②宋代瓷托盘（越窑）
③唐代银茶托

茶盏（陕西西安出土茶盏）

唐代琉璃茶盏（陕西扶风法门寺地宫出土）

宋代以后的茶瓶，除了仍见瓜棱形等样式外，又新添提梁壶、葫芦形壶、兽嘴壶等。

晚唐的茶盏，由早期的圆口弧壁或斜壁、圆饼状足和玉璧形足，变成敞口、浅腹、小底、圈足和撇足、直壁、小底形，越窑还出有花瓣形碗，总体造型上趋于小巧精致。

宋代的茶盏，以敞口、斜直壁、小底形为主，普遍使用白釉瓷和青釉瓷，斗茶者喜用黑釉茶盏。

晚唐时的盏托，托圈已开始增高，有的托子本身就仿佛在盘子上加了一只小碗，这大概是因为把茶末放入盏中，用沸汤冲注时，茶盏很烫，又无把手，故用托子以便执取，托圈加高可使茶盏放得更加牢稳。

宋代的盏托，托圈一般较高，式样上有敞口、侈口的不同，还有托圈内中空透底的，除了承托茶盏之外别无他用。

晚唐时越窑的工匠们曾做出过口沿卷曲作荷叶形的盏托，与花瓣形茶盏配套，诗人描写其为"蒙茗玉花尽，越瓯荷叶空"，或曰"嫩荷涵露"。

到了五代、宋、辽时，不仅各地窑均能烧造荷叶形盏托，而且还出现了花口、海棠式口、莲瓣口等仿花果形状的盏托。宋辽墓葬内壁画所示茶下之托，均绘成漆制的，如河南白沙 2 号宋墓室的壁画中送茶者端的是朱红漆茶托子，上置白瓷茶盏。又如河北宣化辽张世卿墓壁画，桌子上摆着黑漆茶托，上面也放着白瓷盏。看来当时上层社会多使用漆制的盏托，大概是因为漆制品隔热性较金属和陶瓷更好的缘故。不过目前出土的金银盏托也不少，西安和平门外一次

元代白瓷茶盏（浙江临安出土）

就出土了7件唐代的银质鎏金茶托子，扶风法门寺地宫还出有非常珍贵的琉璃茶盏。江苏丹徒丁卯桥出土过8件唐代的莲瓣与五曲形银托子，内蒙古临河高油房西夏窖藏中还出有金茶托子。

宋代末期开始发明了蒸青散茶的制茶法，是将茶叶采摘后经过蒸青，趁湿揉之烘干，饮时直接放入壶或杯、盏内沏着饮。此法自元代后期始为流行，到明代就完全排斥了末茶法，明洪武二十四年（1391）还明文规定禁止碾揉高级茶饼。这样茶具又随之发生了变化，茶碾、茶罗等类茶具逐渐隐没不见了，原先盛开水的茶瓶变成沏茶的茶壶。茶壶的流也从原来肩部斜出，移到了腹部，并且较宋代更加曲而长，高度一般与壶口平齐。元代景德镇青花瓷异军突起，它那淡雅滋润的蓝釉很受人们的喜爱，因此青花瓷壶较为流行。

从各地出土物件的情况看，元代茶盏多为景德镇出产的青白瓷盏，到了明代则喜用白茶盏。明人许次纾在《茶疏》中说："茶瓯，古取定窑兔毛花者，亦斗碾茶用之宜耳。其在今日，纯白为佳，兼贵于小，定窑最贵，不易得矣。宣、成、嘉靖俱有名窑，近日仿造，间亦可用。次用真正回青，必拣圆整，勿用啙窳。"又明人高濂《遵生八笺》记述："茶盏惟宣窑坛盏为最，质厚白莹，样式古雅。有等宣窑印花白瓯，式样得中而莹然如玉。次则嘉窑心内茶字小盏为

老茶碗

美。"明宣德的白釉小盏为直口尖底，整个器形如鸡心状，一般俗称鸡心杯。嘉靖时的回青小盏，口外撇，盏心坦平，光素无纹饰。

改用茶壶沏茶后，品茶人逐渐认识到"汤不足，则茶神不透，茶色不明"。也就是沏茶的开水必须达到鼎沸时，才能使"旗（初展之嫩叶）枪（针状之嫩芽）舒畅，青翠鲜明"。又茶壶"若瓶大，啜存停久，味过则不佳矣""壶小则香不涣散，味不耽阁"。由此可见自明代中期始，茶壶形体开始变小，除青花瓷壶外，还有斗彩、粉彩等各种彩瓷茶壶。

最值得一提的是江苏宜兴产的紫砂泥壶，不仅小巧玲珑便于握持，而且还因其有诸多优点，备受人们的青睐。饮茶由盏进而改用壶应是一种进步，它弥补了盏茶易冷和落尘等缺点。由此也使得人们不再注意茶具的色泽，而转向追求茶具的雅趣上来。

清代继江西景德镇白瓷茶具、江苏宜兴紫砂陶茶具之后，广州织金彩瓷茶具和福州脱胎漆器茶具又相继兴起。茶具的造型上更为丰富，品种上也更为多样，再配以各种色彩、篆刻诗词和书画等，将饮茶器的艺术性提到了一个新高度。康熙时出现并盛行的盖碗就是其中一个新品种，它是专门为款待客人时用的一种茶具，由碗、盖和托盘三件组成，直到今天仍广为使用。

现代人使用的茶具种类，式样更加丰富多彩。加上中国又是一个多民族的国家，各民族有着不同的饮茶方法，如傣族的竹筒茶、藏族的酥油茶、拉祜族的烤茶、傈僳族的油盐茶、佤族的烧茶、白族的三道茶和响雷茶、土家族的擂茶、苗族和侗族的油茶、回族的罐罐茶、维吾尔族的奶茶与香茶等等。各族人民的饮茶方法不同，使用的茶具当然也就不尽相同，但饮茶时普遍使用的大都是瓷碗、玻璃杯或紫砂壶，也有搪瓷、金属、竹木、贝壳、椰子等不同质料的茶具。

2 精美绝伦的金笼银碾

中国历史上用金、银、铜、锡等金属制作的茶具时有所见，考古中也出土过一些，其中以陕西扶风法门寺唐塔地宫出土的一组金银茶具最为精美华贵。它们不仅造型新颖，工艺精美，装饰华丽，属于罕见的文物珍品，而且还是迄今为止留存于世的唯一的唐代宫廷成套茶具实物，为研究唐代饮茶方式提供了重要资料，使人们对古籍中"吃茶"一词有了新的认识。下面依其功用作一个简略介绍。

金银丝结条笼子 用于盛装茶饼，在温火上烤茶的器具。笼体近椭圆形，上有四曲形盖，口边与底边均有定形圈甲与笼身套合。笼身有提梁，盖与提梁间用银链相连。下有四足，上端为天龙铺首形，下端用银丝盘曲成涡纹足跟。盖顶平坦，中部用金丝编织成一朵塔形花，四周衬以金丝莲叶，并以金丝云气纹压边。笼体上下周边压以金丝编成的涡纹条子，笼体编织极其精巧美观，通高15厘米，重335克。

鸿雁球路纹笼子 功用与上述笼子相同，为烤茶饼用。整个笼子外观近圆球形，有手提梁、平底，下有四只短足。圆拱形盖与笼身以子母口相扣合，盖蒂有一银链与提梁连接。整个笼子用银板模冲成形，

唐代鎏金银茶笼子（陕西扶风法门寺地宫出土）

105

通体作镂空球路纹，上面饰有30只鎏金飞鸿，栩栩如生。在盖沿与笼口上涂金，錾刻一周海棠二方连续图案。在笼子底部边缘刻有"桂管臣李杆进"六字，系大臣进奉皇室的物品。通高17.8厘米，重654克。

鎏金鸿雁流云纹茶碾子 形制如老式中药铺中的药碾子，但体形小巧一些。茶碾通体呈长方形，由座、槽、碾盖三部分组成。碾座底脚两端长出，作如意云头状，以利平稳与美观。座四面板身有镂空壶门8个，两侧饰麒麟流云，两端各饰三朵流云纹。碾槽嵌于碾座之中，形似尖底船，中部深，两头浅，槽口沿外折与碾座衔接，在座上口设一平面抽盖式槽盖，盖可在轨槽内推进拉出。盖板面上饰飞鸿流云纹，中间置一宝珠形纽。设置盖板既可防尘、保洁，又可使整个茶碾美观完整。茶碾通高7.1厘米、长27.4厘米、总重1168克。在碾底刻有"咸通十年文思院造银金花茶碾子一枚，共重廿九两"。证明茶碾为公元869

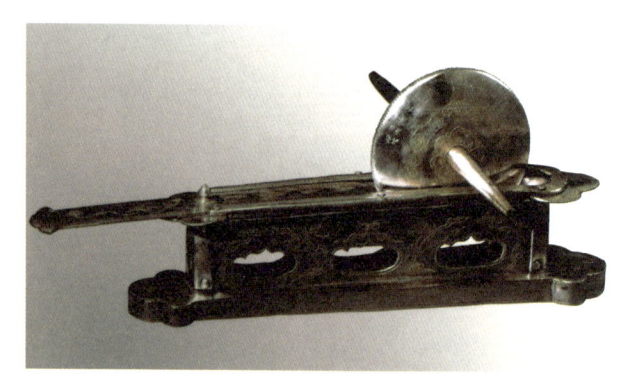

唐代银茶碾（陕西扶风法门寺地宫出土）

年时皇室文思院所制。陆羽在《茶经》中说茶碾用木制，其实并不尽然，在宫中还有银制的，西安唐代西明寺遗址还出土了一件石茶碾，形体很是粗大，是供僧人聚饮用的。北京首都博物馆藏品中有一件唐代黄釉瓷茶碾，应是当时一般人所用的。

碾轮　与碾子配套使用的，由轮与轴构成。碾轮呈圆饼形，直径 8.9 厘米，中部较厚，边缘略薄，轮边有平行钩槽，如细密的齿轮状，用以增加对茶饼的磨压力，利于碾碎茶叶。在轮子的中心有一圆孔，以安装碾轴，在轮孔四周饰有莲花流云纹。碾轴中间粗两端细，轴两端刻有花纹。碾轴长 21.6 厘米，与碾轮共重 527.3 克。在银碾轮的一面錾刻"祸轴重一十三两、十七号"铭文。这套茶碾与碾轮小巧别致，用茶量小，轻推慢拉，是用粉黛玉手"碾成黄金粉，轻嫩如松花"的上乘佳器，透出一种少有的皇家气息。

银质金花茶罗子　是把茶饼碎后过，筛出茶末用的。茶罗呈组合箱式，银钣成形，由罗箱、罗盖、罗座、罗框和茶屉五部分组成。罗盖为盝顶，上面饰两个飞天遨游于流云间。盖刹饰流云和一周莲瓣纹，与罗箱用子母口开合。罗箱内分上下两层，上层置罗框，下层置屉盒。在箱两侧外面各饰两个褒衣束髻执幡驾鹤的仙人，旁饰流云，栏界饰莲瓣纹。箱的一端饰云气山岳纹，另一端饰双鹤流云。罗座四面设镂空扁桃形壶门十个，底部錾刻"咸通十年文思院造银金花茶

银茶罗(陕西扶风法门寺地宫出土)

罗子一副共重卅七两"字样。罗框为银钑双层套合式，用以将绢罗夹牢绷紧，出土时残存在罗框上的罗面料为纱绢，织造极为细密，可知罗下的茶粉一定是极细的。屉盒置于罗的下面，茶粉经罗筛后自动散落在屉内。在屉的面板上有环形拉手，以便抽出取茶。罗箱通高9.5厘米、箱长13.4厘米、宽8.4厘米。茶罗设计制作独运匠心，极富创造性，结构合理，精巧无比，是陆羽《茶经》中所述罗与盒的结合体，较之分体的罗、盒要先进得多，历代文献均未见记载，为首次发现的实物。

银涂金盐台　即《茶经》中的"鹾簋"，是贮盐用的器皿。因唐人饮茶加食盐和椒粉调味，所以就有了盛装调味品的器皿。这件盐台由台盘、盘盖和三足

茶具

唐代银盐台（陕西扶风法门寺地宫出土）

元代冯道真墓室壁画《进茶图》摹本（山西大同出土）

台架构成，整体似一簇荷叶、莲花、莲蕊、荷叶杆的立体造型，并有小鱼、花草等附件装饰，新颖别致，为考古首次发现。台盘，为莲瓣纹宽沿，浅腹平底形，内可盛盐。台盘上罩叶形盖，盖顶中部擎一莲蕾蕊，很似盘盖的把手蒂。莲蕊中空，分上下对半张开，边有纹链相接，可开启，蕊内放椒粉。莲蕊与盘盖间，用粗银丝盘曲成弹簧状焊接在一起。三足架用银丝制成，上部与台盘相接，足架中部置附件花饰，用银丝连接十字形张开，可颤动，如鱼跃花动，极富情趣。在台脚架上錾刻"咸通九年文思院造银涂金盐台一只"字样。盐台通高27.9厘米，盘面径16.2厘米，共重820.5克。

银茶匙、银茶则 二件均为勺形，只是一件柄较长，一件柄较短。据《茶经》所记："则者，量也，准也，度也。"则，即是取茶酌量用的茶勺。从宋徽宗《文会图》中所绘备茶的童子看到，有一人正持长柄匙自茶罐向盏内酌茶末，长柄银匙为茶则。出土北宋"妇女洁盏"画像砖上的茶匙之形制与短柄匙相近，故短匙应是点茶时所用之匙，也即蔡襄在《茶录》中记载的"茶匙要重，击拂有力，黄金为上。人间以银铁为之，竹者轻，建茶不取"。茶则柄扁长，上宽下窄，有三段錾花流云纹，全长35.7厘米。茶匙柄稍扁平，上粗下细，柄面錾花鎏金，上段饰两只飞鸿，下段饰菱形图案，通长19.2厘米。在山西大同出土的元代冯道真墓室壁画的《进茶图》中，看到与其他茶具放在一起的茶则，说明元人饮茶还用茶则。

法门寺地宫内出土的金银茶具除以上所述外，还有煮茶夹炭用的火筴、烧水用的炭炉、贮茶用的银盒、饮茶用的琉璃碗与托，以及稀有的秘色瓷茶碗等。虽与茶书所记相比尚不完备，但足以反映晚唐时期辉煌灿烂的茶文化了。

3 独特功用的兔毫、油滴、鹧鸪斑盏

在饮茶器具中,茶盏是一种不可缺少的器具,在斗茶之风盛行的宋代尤其显得重要,黑色的兔毫、油滴、鹧鸪斑纹茶盏则更是备受欢迎的茶具。

宋代饮茶风俗胜于唐代,饮茶不仅讲究技艺,还讲求意境。晚唐兴起的斗茶之风,在宋代达到了高峰,上至皇帝,下至民间百姓,往往是二三人聚在一起,在精致雅洁的室内,或在花木扶疏的庭院,各自献出珍藏的茶叶极品斗试。

斗茶包括对茶的色、香、味三项进行评品,说长道短,同时还要看茶汤在茶盏上的黏附能力,以茶汤先在茶盏周围沾染水痕为负。这是因为宋代饮用的茶是经过蒸、压后做成的膏饼或茶团,在茶内含有黄色染精和胶质,时间久了茶汤便会在盏内染上一圈水痕。另外,茶饼碾成细末后,放入盏内用开水冲注,这时在水面上往往浮起一层白沫或形成类似某种图案的花面,所以宋代瓷质茶虽然有黑、褐、青、青白、白色等各种釉色,而斗茶独用黑色茶盏。白色茶水,要看水痕,当然以黑色茶盏最为适宜,两者对比极为鲜明。

宋代蔡襄在《茶录》中又说,黑盏中以"建安

所造者绀黑，纹如兔毫，其坯微厚，熁之久热难冷，最为要用。出他处者或薄，或色紫，不及也，其青白者斗试家自不用"。如此可知在诸多黑盏中福建建安窑的产品是最好的，不仅釉黑纹美，而且胎体较厚，不致使茶水凉得太快，也不会过早地沾染上水痕。

距汴京皇宫很近的曲阳定窑生产的黑釉盏，胎质好，釉色也好，只是胎体较薄，以至于宋徽宗舍近求远，向偏远的建窑选取贡品。在福建建阳永吉镇的窑址中发现不少茶盏底足上印有"供御""进盏"字样的茶盏，说明建窑曾一度专为宫廷烧造御用茶盏。

建盏还有一大特点未被史家所记载。根据现代考古学家的有关研究认为，建盏的造型在斗茶中也起着很大作用。它们的形制均为深腹、斜壁、小底形，有敛口的、弇口的及束口的，其中弇口的在盏内壁口沿下约 1.5 厘米至 2 厘米处，往往有一周倒钩形的凹圈。深腹、斜壁是为了"茶宜立而易于取乳"和"运筅旋彻不碍击拂"。弇口和口沿内的倒钩形圈痕，是能使茶汤存留于凸线圈以下，保证茶面不破。又因斗茶注汤水量要适当，圈痕还可以起到注汤的标尺作用；此外又能使汤热不易散发，促使"茶面聚乳""茶发立耐久"。这种造型，后来为其他生产黑釉盏的窑场所仿造。

黑釉兔毫盏，是在绀黑发亮的釉面上，并排地闪现出银色光泽的丝条纹，形态有如兔子毫毛，条纹

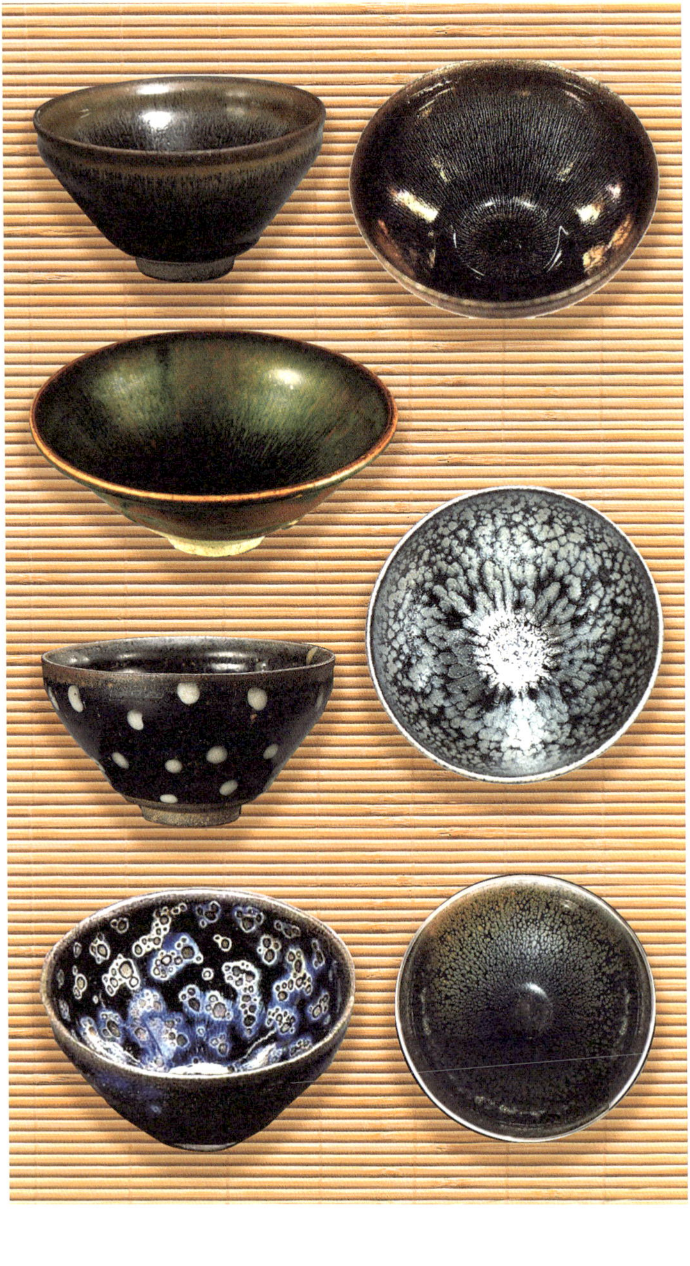

垂流自然，如细雨霏霏，与色地相对照显得非常明快。这种风格独特、古朴雅致的茶盏，在四川、山西、河北等地瓷窑中也有烧造，但数量较少。

在黑釉茶盏中，油滴、鹧鸪斑、玳瑁、剪纸漏花等纹饰的茶盏，也为当时社会所崇尚。其中鹧鸪斑纹盏与兔毫盏一样盛名，并得到宋室朝廷和文人学士的赞颂。苏东坡的《送南屏谦师并引》中有这样的描述："道人晓出南屏山，来试点茶三昧手。忽惊午盏兔毛斑，打作春瓮鹅儿酒。"在《清异录》中则记有"闽中造盏，花纹鹧鸪斑，点试茶家珍之。"

宋徽宗《大观茶论》说："盏色贵青黑，玉毫条达者为上。"黄庭坚有词曰："研膏溅乳，金缕鹧鸪班。""兔褐金丝宝碗，松风蟹眼新汤"。杨万里诗曰："鹰爪新茶蟹眼汤，松风鸣雪兔毫霜。"陈蹇叔诗曰："鹧斑碗面云萦字，兔褐瓯心雪作泓。"这些文字，都是对上述几种珍贵茶盏的描述与赞美。

鹧鸪斑纹盏，是在乌黑的釉面上散布着有如鹧鸪鸟羽毛上的斑点一样的黄褐色纹饰，自然匀称，美丽大方，给人一种美的享受。这种鹧鸪盏，在江西吉州窑烧造产量较大。

油滴盏，是在黑色的釉面上呈现出银灰色似金属光泽的小圆点，它们不规则地散布着，在日光照射下闪烁出光辉。这些小圆点就好像菜汤中的油滴一样晶莹透亮，使人眼花缭乱。油滴盏烧造的地点较多，

茶盏里的寄托

南方福建建阳，北方的河北、河南、山东、山西等地都有出产。玳瑁纹盏和剪纸漏花纹盏主要是江西吉安永和镇窑的产品。

玳瑁纹盏釉面色泽变化万千，以黑黄等色釉交织混合在一起，有如海龟的色调，协调滋润。这种窑品极其少见，流散到日本的几件，如今被视为"国宝"级文物。

剪纸漏花是将民间的一种装饰手法移植到瓷器上，在入窑前揭去剪纸，剥掉釉层，留下纹样轮廓。在黑色的釉面上衬一幅凤梅蝶等剪纸图案，显得非常豁亮、明朗，极有情趣。

建窑及吉州窑有一种树叶纹盏，多以一叶置盏中作纹样，贴近自然，妙趣横生。

以上各种纹饰的黑釉茶盏，随着古代饮茶方法的改变，逐渐隐没不怎么使用了。日本来华禅僧把唐宋时代的饮茶技艺传入日本的佛教寺院，又由寺院传到民间，逐渐成为日本民间的重要习俗，作为斗茶器具的建盏（日本称为"兔毫天目"）也一起传到了日本并流传至今。随着日本茶道的兴起，仿制建盏也获得了成功，并成为茶道中的名贵茶具，至今仍能见到它的踪迹。

4 小巧玲珑的紫砂器

说到饮茶器具，自明清以来素有"景瓷宜陶"的说法。是说瓷茶具以景德镇为首，陶茶具以宜兴紫砂为最。景德镇瓷器自不必细说，因它那优美的造型、丰富的釉色、耐人品味的花纹图案和精细的胎骨使人一目了然，而并不起眼的紫砂器具又为何这样大受茶人的喜爱呢？

江苏宜兴紫砂器创始于宋代，至明代中期开始盛行。它是用一种质地细腻、含铁量很高的特殊陶土制成，成品无釉，呈赤褐、淡黄和紫黑等色。由于它既有一定硬度，又有一定的透气孔，因而盛茶既不渗漏，又有良好的透气性能。所以人说用紫砂壶饮茶"既不夺香，又无熟汤气""用以泡茶，不失原味，色、香、味俱蕴""注茶越宿，暑月不馊"。此外，这种器具还有耐冷热急变的特点。寒冬月注入沸水不因温度剧变而炸裂，盛暑月把盏啜壶也不会炙手。紫砂壶使用越久，壶身色泽越发光润，气韵温雅，玉色晶亮。因此，寸柄之壶，往往被人珍同拱璧，宝如珠玉。

制作艺人在艺术上的审美追求，也是紫砂器博得人们喜爱的原因之一。古时人饮茶，唐代讲究技艺，宋代讲究意境，到了明代由于散茶泡饮的兴起，为讲求品茶情趣创造了条件。饮散茶在明初已和当今炒青绿茶的芽茶相似，茶汤的汤色由宋代的"白"色变为"黄白"色。这样对茶盏的要求不再用黑、青色，而是崇尚白色了。

可是到了明代中期以后，随着瓷茶壶与紫砂茶壶的同时崛起，使得茶壶和茶汤的色泽不再有直接的烘托、对比关系。人们不再注意茶具的色泽，而转向追求茶壶的雅趣上来。这时的紫砂器及时地创造出千姿百态的造型，不但典雅庄重，大小相宜，质感细腻，还常配以篆刻诗词与书画等作为装饰。据明人周高起《阳羡茗壶系》等有关文献记载，明代嘉靖、万历年间的龚春（本名供春，以其姓龚，又称龚春）和他的徒弟时大彬，是当时著名的民间紫砂艺人，他们把紫砂器制作技艺提升到了一个新的境界。龚春的制品被

供春款树瘿壶

称为"供春壶",造型新颖精巧,质地薄而坚实,曾被誉为"供春之壶,胜如金玉"。可是,供春制作的壶,因年代久远,传世品如凤毛麟角,所见极为稀少。

供春制壶还有段传说。供春幼年曾是进士吴颐山的书童,他天资聪慧虚心好学,陪主人于宜兴金沙寺读书,闲时常看老和尚做壶,十分入迷,就偷偷地学。可是他没有泥料,偶然间发现老和尚每天洗手的小水池中沉积很多陶泥。陶泥经过漂洗沉淀,变得更加细腻,他就趁主人读书时用这些泥做起壶来。寺院里有棵参天银杏,盘根错节,树瘤变化多姿,他朝夕观赏,模拟树瘤捏制出一把树瘤壶来。这把壶造型奇特,生动异常,老和尚看后拍案叫绝,便把平生制壶的技艺倾囊相授。后来,供春成为著名的制壶大师。

现存于中国国家博物馆的一件供春款树瘤壶,有人认为是传品,有人疑为赝品。1965年在南京市一座明代墓中出土一件紫砂提梁壶,壶腹圆正,壶盖扁平,有葫芦形的盖纽。提梁断面而呈圆角四棱形,在壶的顶部弯出两个矮角的拱形,后部有一个小系。壶的质地比较粗糙,根据墓志判断墓主人下葬于嘉靖十二年(1533),证明壶的制作时间正是供春制壶的时代,这是早期紫砂壶的唯一标准器具。

后来供春高徒时大彬的作品,突破了师傅传授的格局,多做小壶,点缀在精舍几案上,更加符合品茗的趣味。他的杰作"调砂提梁壶",上小下大,

时大彬紫砂壶 　　　　　　时大彬紫砂壶

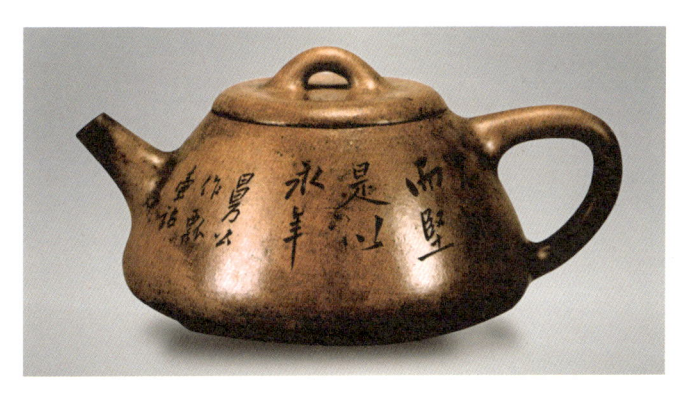

茶具

清代紫砂壶

曼生壶

形体稳重，紫黑色，杂以砂砺土，呈现星星白点，宛若夜空繁星。传世现存的时大彬制作的还有葵花壶，气韵古朴深厚。人称时大彬的作品是"千奇万状信手出"，甚至出现了"宫中艳说大彬壶"的事情。

清代紫砂茶具在前人的基础上有了更大的发展，制壶名家辈出。驰名于世的有清初陈鸣远、嘉庆年间的杨彭年，其他还有邵大亨、黄玉麟、程寿珍、俞国良等名家。

陈鸣远制作的茶壶，线条清晰，轮廓明显，壶盖有行书"鸣远"印章。现存于世的有东柴三友壶、朱泥小壶等，均被人们视为珍品，为藏家所喜爱。

杨彭年的作品玲珑雅致，不用模具随手捏成，天衣无缝，被时人推崇为"当地杰作"。当时江苏溧阳知县陈曼生，是一位书画篆刻家，著名的"西泠八家"之一。他好饮茶，同时又迷恋紫砂茶壶，在宜兴任职期间与杨彭年合作，设计了"十八壶式"，并在上题刻诗句、文字。他们的作品人称"曼生壶"，一直为赏家所珍藏。

清代还有紫砂茶叶罐，制作大多也十分精美。

现代紫砂茶具较以前又有了更大发展，新品种不断涌现，匠人还依据我国唐代的"横柄执壶"专为日本消费者设计了艺术茶具，称为"横把壶"。

紫砂茶具式样繁多，大体可分为四种类型：

仿生型 做工精巧，结构严谨，仿照树木花卉的枝干、叶片、种子以及动物形状等，制作得栩栩如生，富有质朴亲切之感，如扁竹壶、玉兰壶、鱼龙壶等。

几何型 外形简朴无华，表面平滑，富有光泽。常见的有圆壶、六方壶、菱花壶、八角壶、四方壶、九头育香茶具等。

艺术型 属于集诗文、书画、雕塑于一体者，给人以一种艺术享受。如玲珑梅芳壶、束竹壶、八宝壶、加彩人物壶、九头报春壶等。

特种型 即专为特种茶类的泡饮或特殊饮茶方法制作的。典型的一例即闽台一带啜乌龙茶的茶具，人称"烹茶四宝"，即扁形赭褐色的烧水壶，俗称"玉书碨"；娇小玲珑的生火烧水的潮汕风炉；大小如手掌紫褐色的壶，又称"孟臣罐"；握不盈寸的小茶杯，人称"若深瓯"。孟臣，相传是清代江苏宜兴艺匠，他所制的茶壶别具一格，后来他做了官，人们为了纪念他，称其所制之壶为"孟公壶"或"孟臣罐"。至今闽、粤、台民间仍崇尚这种壶，翻起壶底均见盖有"孟臣"印记。壶小者可斟茶一二杯，稍大者可斟三四杯。通常三四只"若深瓯"与"孟臣罐"是放在圆盘子里，这套茶具既是泡茶饮茶的茶器，又是不可多得的艺术陈设品。

自明代以后，紫砂壶不仅为国人所喜爱，也为世界各国人民所珍爱。

15世纪时，日本人就曾到中国来学习造壶工艺，

茶盏里的寄托

孟臣罐

至今仍把紫砂茶壶视为壶中珍品，曾有"名器名陶天下无类"的赞语。17 世纪，紫砂壶与中国茶叶一起由海路传到了西方，西洋人把它称为红色瓷器。之后葡萄牙人、荷兰人、德国人、英国人都先后把这种红色瓷器作为蓝本进行仿造，成为欧洲第一批茶用陶器。18 世纪初，德国人约·弗·包特格尔（J.F. Bootger）不仅制成了紫砂陶，还于 1908 年写了一篇题为《朱砂瓷》的论文。20 世纪初，紫砂陶曾在巴拿马、伦敦、巴黎的博览会上展出。在 1932 年的芝加哥博览会及伦敦国际艺术展会上获奖，为中国陶瓷史增添了光彩。

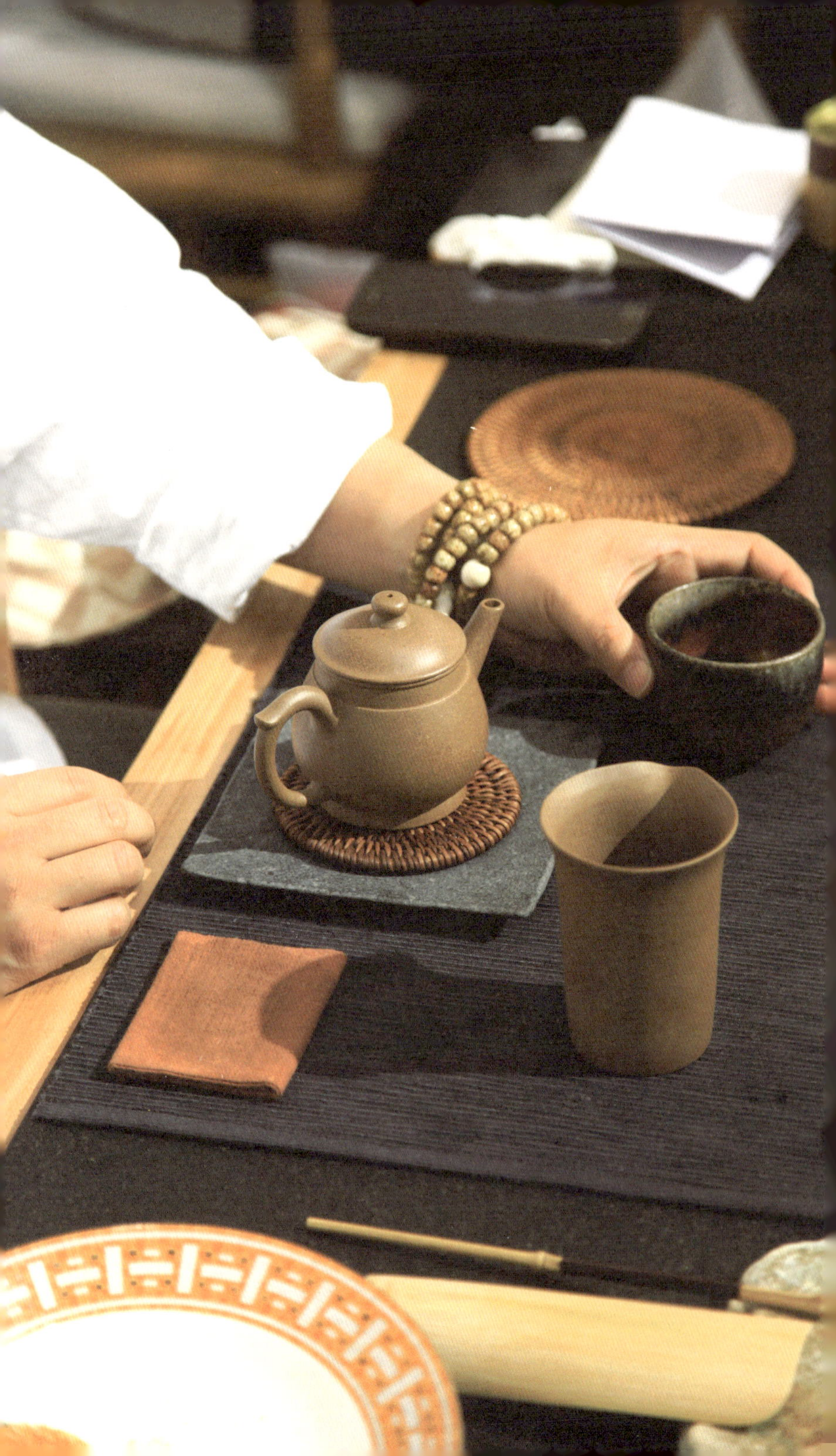

肆 茶艺

茶作为饮品,可解除干渴,但在很多场合,人们并不是为解渴而饮茶。历史上的品茶活动,实际上已成为一种社会化、艺术化的活动,人们不断丰富和发展茶艺,也就使茶的文化色彩更加浓厚,茶也就远远超出它作为饮品存在的价值了。

有了好茶,还得有合宜的饮法。古人将品饮过程艺术化,这就是我们所说的茶艺的主要内涵。茶人讲究饮茶的方式,也讲究品饮的环境,追求茶中的乐趣,循蹈茶礼、茶俗,为中国茶文化增添了丰富多彩的内容。

1 冲点有方

古人重视茶品,而饮茶又需用水,所以古人同时也重视水品的选择,有名茶而不用好水,同样也是品不出好茶的滋味的。明代许次纾在《茶疏》中即说:"精茗蕴香,借水而发,无水不可与论茶也。"田艺衡《煮泉小品》也有类似说法,他说若没有合适的水品,茶品再佳也枉然。甚至还有人认定水品的重要性还要在茶品之上,非得好水才能饮到美茶。

水于茶之重要,陆羽著《茶经》时便注意到了,他研究茶,也研究水,品茶也品水。他在《茶经》中这样评论煮茶的水品:山水上,江水中,井水下。山水又要取缓缓流淌的泉水,而不能取暴涌飞腾的瀑布泉水。那些蓄积而不流动的山水也不可取,防有水毒。如果取江水,要取远离人居住地点的江心水。不得已用井水的话,就要在经常汲水的井中汲取。据传,陆羽品评天下水泉,列出前二十个位次。陆羽品水,既精到又苛刻而且识别力极强。有一次为取江水煮茶,嘱人至扬子江取南零水,取水者回岸时泼洒了不少,又以近岸水补足。陆羽尝水后马上说内里有近岸不洁江水,使取水人折服不已。

陆羽评定的当时的水泉二十名,次第如下:

庐山谷帘泉

惠山石泉

第一，庐山康王谷水帘水

第二，无锡惠山寺石泉水

第三，蕲州兰溪石下水

第四，峡州扇子山下虾蟆口水

第五，苏州虎邱寺石泉水

第六，庐山招贤寺下方桥潭水

第七，扬子江南零水

第八，洪州西山瀑布泉

第九，唐州桐柏县淮水源

第十，庐州龙池山岭水

第十一，丹阳县观音寺水

第十二，扬州大明寺水

第十三，汉江金州上游中零水

第十四，归州玉虚洞下香溪水

第十五，商州武关西洛水

第十六，吴淞江水

第十七，天台山西南峰千丈瀑布水

第十八，柳州圆泉水

第十九，桐庐岩陵滩水

第二十，雪水

古今人对这水泉二十名的次序排列，曾提出过疑问。由于人们只是凭借自己感受来进行判断，所以各人的标准不会完全相同，但大体公认的标准还是有的，古代茶人反复强调的标准，不外乎甘洁、活鲜这两条。宋人蔡襄在《茶录》中说"水泉不甘，能损茶味"；宋徽宗的《大观茶论》也说"水以清轻甘洁为美"；唐庚的《斗茶记》则说"水不问江井，要之贵活"。明代张源的《茶录》，更有具体分析，他说："山顶泉清而轻，山下泉清而重；石中泉清而甘，砂中泉清而冽；土中泉淡而白。流于黄石为佳，泻出青石无用。流动者愈于安静，负阴者胜于向阳。真源无味，真水无香"。可见古代茶人对茶水的选择，一向是十分重视的。他们大都推崇好的泉水，就是因为泉水清爽、洁净、甜美、鲜活，而且一般没什么污染，透明度也高。

古人还特别强调用茶叶产地的水泉烹茶最好，可以更好地发散茶叶的滋味与香气。

有了合宜的水泉，还要有合适的煎汤方法，才能得到好的汤品。唐代已十分注重煎汤的技巧，陆羽《茶经》就有所谓"三沸"之法，烹茶以三沸之水最妙，不嫩不老，饮茶最好。煎汤的具体方法以及汤品的分类，唐人苏廙在《仙芽传》中进行过讨论，道及许多诀窍，提出了"做汤十六法"的原则，认为汤是茶的主宰，如果用的是名茶，而煎汤却毫无章法，那这名茶的滋味与凡品也就没什么两样了。他提及的十六汤品，既讲汤的老嫩，又讲煎汤的火候和炭火的选择，具体又全面。这十六汤品分述如下：

第一为"得一汤"。火候适中，不过也不欠，此汤最妙，得一而足，故有此名。

第二为"婴汤"。炭火正旺，水釜才温，便急急倒入茶叶，用这种没煮熟的汤烹茶，就像是要婴孩去做大人的事，是断然不会成功的。

第三为"百寿汤"。煎汤时间太久，甚至多至十沸，用这样的汤烹茶，就像让白发老汉拉弓射箭、阔步远行一样，结果也不会太妙。

第四为"中汤"。鼓琴音量适中为妙，磨墨用力适中则浓，过缓过急会造成琴不可听、墨不能书的结果。茶汤适中，茶味才正。注汤的缓急技巧，全在手臂上的功夫。

第五为"断脉汤"。注汤时断时续，如人的血脉起伏不畅，想长寿是不可能的。注汤要连续不断，才能得到好茶。

第六为"大壮汤"。力士穿针，农夫握笔，均难成其事。注汤如果太粗俗，太快太多，茶易失其真味。

第七为"富贵汤"。汤器不离金银，这是富贵人家的排场，以为用富贵器皿就会得到好汤，这是本末倒置。

第八为"秀碧汤"。玉石为凝结天地灵秀之气而成其质，琢为茶器，灵秀之气仍存，可得好汤。

第九为"压一汤"。以用金银太贵重，又不喜用铜铁，瓷瓶便是最合适的茶器了。对隐士们来说，瓷器才是品饮茶色茶味的美器，是压倒一切质料的茶器。

第十为"缠口汤"。平常人家不大注重器具的选择，以为能将水烧沸的就行，所得的汤可能又苦又涩，无法下咽。强饮是汤，恶气总会缠口不去。

第十一为"减价汤"。用无釉陶器做茶具，会有土腥味。俗语有谓"茶瓶用瓦，如乘折脚骏登高"，骑着断腿马上山，当然无法达到目的。

第十二为"法律汤"。茶家的法律是"水忌停，薪忌熏",忌用停蓄的水和油腥的炭,违反了它,便无好汤好茶。

第十三为"一面汤"。一般的柴草或已烧过的虚炭,都不宜用于煎汤,得汤觉太嫩。只有炭才是茶汤之友,非有好炭才有好汤。

第十四为"宵人汤"。茶性娇嫩,极易变质。如用垃圾废材煎汤,会影响茶叶香味的发散,还会染上其他杂味。

第十五为"贼汤"。风干小竹、树枝,也不能用来煎汤,火力虚薄,难得中和之气,也是坏茶的"贼"。

第十六为"大魔汤"。汤最怕烟气,浓烟蔽室,难有好汤,烟气为坏茶之"大魔"。

看来,确实如陆羽所说"茶有九难",饮茶不

辽墓壁画《备茶图》(河北宣化)

是一件易事，这煎茶便是一难。历史上的饮茶方法经历了几次大的变化，有煎茶、点茶和泡茶的分别，但唐人所定的汤品原则都是适用的。人们在不同时代所用的不同的品饮方法，都离不开汤——沸水，如何煎汤，如何点注，成为茶人们十分注意的问题，逐渐积累起许多经验来。

煎茶 将茶叶直接放入釜中煎煮，由《茶经》可知，这是唐以前风行的饮茶方法。具体做法是：先将饼茶碾碎，煮水微沸，即入茶末，共煎三沸，茶汤便煎好了，斟入茶碗品饮。

点茶 唐以后茶人新创的饮茶方法。将茶饼研末放入杯中，再用沸水冲点，用茶筅搅打出沫，不是直接将茶末入釜中煎煮。

泡茶 与点茶方法近似，但不需茶筅搅打，茶末置壶中，注入沸水即成。泡茶方法的兴起，与散茶的大量生产有关，至迟应当在明代就出现了。明代人陆树声的《茶寮记》记有冲泡的方法，说将茶叶适量投入茶器中，先以少一点的沸水冲点，过一会儿才注汤至满。这种冲泡的方法一直沿用到现代，壶泡杯泡均宜。当然要冲泡出一杯好茶，还有许多讲究，古人在对茶的用量、水的温度、冲泡时间等方面积累了不少经验。

冲泡茶水时投放茶叶的多少，本来没有一定的标准。因人而异，也因茶而异。冲泡一般的红茶和

绿茶，茶与水的比例大约在 1∶50~1∶60 就可以了；饮用普洱茶，茶叶投放量增加一两倍。饮用乌龙茶，茶叶投入量几乎占到器皿一半，这是用茶量最大的一种茶。在很多时候，饮茶者的习惯是决定用茶量大小的关键，有的人爱饮浓茶，有的人则爱饮淡茶，以此决定用茶量的多少。

冲泡茶叶所用的水温，古代就有许多讲究。蔡襄在《茶录》中说："候汤最难，未熟则沫浮，过熟则茶沈。"许次纾的《茶疏》也说，煎茶水要急火猛火，不能用文火慢煮，用刚起沸的水泡茶最好，可使茶的味与香得到充分发散。水温的确定，还要看冲泡的茶品，如高级绿茶，就不能用高温沸水冲泡，水温要略低一点，否则茶汤易变黄，滋味会显出苦涩。

明·王问《煮茶图》

冲泡红茶、花茶和一般的绿茶，就要用100℃沸水冲泡，甚至还要预热茶具，想法保持温度。

茶品不同，冲泡方法多少也有一些差异。人们品饮各种茶类，都会有不同的追求，希望尽可能品到茶的真味，也就设定有不同的泡法。饮绿茶为品清香，饮红茶为品浓鲜，有的茶则要色、香、味、形全品，要达到这样的目的，不能不在冲泡方法上下些功夫。

绿茶 可分为两种冲泡方法，区别在先注水与后注水，冲泡外形紧结的绿茶，如龙井、碧螺春、都匀毛尖、蒙顶甘露、庐山云雾，可先注水杯中，然后入茶，不一定加盖。茶叶先后沉入杯底，叶片缓缓展开，茶色渐绿，待茶汤稍凉，即可品味。杯中茶饮去大半，再次注入沸水，茶味发散正浓，这是最佳的二度开花。待第三次注水后，滋味明显变淡，再注水就不堪品饮了。

冲泡那些茶条松展的绿茶，如六安瓜片、黄山毛峰、太平猴魁等，要先入茶，后注水，开始只冲注三分之一的水，等茶叶伸展后再次注水至满。

红茶 饮用方法更有许多变化，因茶因人因事而异。传统工夫红茶，如小种红茶、祁红工夫、滇红工夫，用工夫茶饮法，采用与绿茶相似的冲泡法，先入茶，后注水，闻其香、观其色，细细品味，领略红茶的清香与甘醇。还有一种调饮方法，在泡好的茶汤中加入冰糖、牛奶、芝麻、松仁等，现代还有加入柠檬、蜂蜜和香槟酒的，品茶亦品酒。在许多少数民族地区，饮红茶都采用煮饮方法、将茶叶入壶中煮好，然后冲注在放有奶、糖的杯中饮用。

乌龙茶 可用绿茶的冲泡法，也可用红茶的工夫饮法。乌龙茶有绿茶的甘醇，有红茶的鲜浓。饮乌龙茶的茶具"四宝"，泡茶前先以沸水淋洗茶具，冲泡过程中也要不断淋洗，保持洁度和热度。将茶叶按粗细分开，碎末放在壶底，再放入粗茶，不粗不细的放在上层。然后用沸水注入，沿壶边缓缓冲注。在水漫过茶叶时，要把注入的水倒掉，实为洗茶。洗茶后立即冲上沸水，盖上壶盖，再用沸水在外面淋洗。泡茶时间不能长，也不能短，约二三分钟便可斟出。斟茶时，茶汤顺序入杯，先斟半杯，然后轮番加斟。

茶水入杯，不过一两口，趁热品饮，以免茶香失散。再冲再斟，茶具仍然用沸水淋洗。乌龙茶一定要趁热饮下，茶冷性寒，可能伤及肠胃。

花茶 品味之际还要注意品香，所以冲泡时以维护香气为一大要素。杯中放入茶叶后，注入稍凉的沸水冲泡，加盖三分钟左右再品饮。川人泡茶时，用三件套的盖碗，有盖保温，有托防烫，是一种比较讲究的饮法。花茶由于品种的区别，所用冲泡方法也不一致，如泡饮乌龙花茶，就采用乌龙茶的冲泡方法，同样可领略到茶中的花香之气。

饮用紧压茶，古今采用的都是烹煮方法。少数民族中的藏、蒙古、维吾尔族都爱紧压茶，而且要加调味品饮用。藏族人喜爱用茶汤制成酥油茶和奶茶，蒙古族人用茶汁制成咸奶茶，维吾尔族人喜爱饮加入香料的调味茶。

2 精鉴与品饮

历史上有许多文人都精于茶艺、精于品鉴。在他们看来，饮是一种方式，品是一种境界，仅仅只是饮茶而不知品茶，那是最没意思的事情。

唐代位居宰相的李德裕，喜爱用惠山泉水烹茶，唐庚的《斗茶记》中说他为此"置驿传送，不远数千里"，当时谓之"水递"。这当然是为了品茶中真味想出的一个奢侈法子。李德裕也爱扬子江中泠水，他有一亲信出使镇江，他嘱亲信返京时捎一壶江水回来。这个人回程时忘了此事，船已行至石头城，随便取了一壶江水献给了李德裕。李德裕饮了这水，说它不像过去饮的扬子江中泠水，倒很像是石头城的江水。那个人非常佩服李宰相的明识，不得不把实情告诉他，说带回来的就是石头城下的江水。

还有一次，有人出京赴舒州任太守，李德裕托他弄几包天柱峰茶。结果这人一下子就送给他数十斤，李德裕看了，却将茶全数退还。后来，这人用心访求天柱峰茶，只得到了几包，又送给李德裕。李德裕捧在手中一看，马上就收下了，还说这种茶可以解除酒毒、肉毒。他命仆人烹茶一瓯，浇于肉食上，再用银盒密封起来。到第二天早上一看，肉都化成汤水，人们因此更加佩服这位宰相识茶的本事。

好茶有形、有色、有香，不仅只是有名，在明识者面前，肯定是掺不了假的。宋代著《茶录》的蔡襄有丰富的品茶经验，是古代第一流的鉴茶行家。他在《茶录》中这样写道："茶色贵白，而饼茶多以珍膏油其面，故有青、黄、紫、黑之异。善别茶者，正如相工之视人气色也，隐然察之于内，以肉理润者为上。"鉴茶如鉴人，要由表及里，这个比喻还是比较贴切的。

《墨客挥犀》记蔡襄神鉴建安名茶石岩白，表明他的鉴茶功夫确实不凡。书中说，蔡襄善鉴别茶品，后人莫及。建安能仁院有一株生长在石缝间的茶树，一年由寺僧采造茶叶共得八饼，取名为石岩白。寺僧将其中的四饼赠予蔡襄，另四饼悄悄派人送到京师，赠予内翰的王禹玉。一年多以后，蔡襄被召还京，得空去造访王禹玉。王禹玉命子弟选茶笥中的精品名茶款待蔡襄，蔡襄端起茶杯还没尝，就说茶与能仁院石岩白极似，问王禹玉是怎么得到的。王禹玉不信，拿来茶帖一看，真的是石岩白。

《墨客挥犀》一书中还说，蔡襄是茶之大家，他要谈论起茶来，没有人能同他对上话。一天福唐蔡叶丞请蔡襄饮茶，明言是饮名品小团茶。上茶之前，又有一客来访，一起饮茶。蔡襄端杯一品，尝尝滋味并不纯正，说这里面并不是只有小团，一定还杂有

茶录并序

朝奉郎右正言同修
起居注臣蔡襄上进

臣前因奏事伏蒙
陛下谕臣先任福建转运使日所
进上品龙茶最为精好臣退念草

蔡襄《茶录碑》

大团。茶童以实相告说，本来只准备了两个人的茶，后来又来一个客人，造小团不及，所以就另进了一点大团。蔡襄是大小团茶的监造人，他当然有鉴别大团小团的本领。

历史上还有一位精于品鉴茶叶的行家，他就是生活在明清之际的史学家张岱。张岱曾创制名品兰雪茶，也曾重开绍兴名泉禊泉。在他自著的《陶庵梦忆》一书中，叙述了自己一次品饮名茶名泉的经历，十分自得。他为饮名茶专程造访闵汶水，闵老太爷以为遇到知己，亲起当垆。闵汶水有一茶室，有精绝的名窑瓷茶具。张岱视杯中茶汤，与茶器一色，香气逼人，他问是什么茶。闵汶水回答说是阆苑茶。张岱饮过之后，认定这茶与阆苑茶制法相同，但滋味却不一样。闵汶水反问张岱，问他知不知道这茶的产地，张岱又品了一口，说与罗岕茶非常相似。闵汶水听张岱答对了，连称"奇！奇！"张又问茶汤用的是什么水，闵汶水告之是惠泉。张不信，以为惠泉水经千里搬运必会失味。汶水告诉他，那是在新淘井中于静夜汲取的新泉，所得泉水胜于一般的惠泉。汶水见张岱确为鉴水品茶的高手，又出一壶新茶待客，张岱饮后评道："香味浓烈，滋味醇厚，这是春茶。刚才品饮的，那是秋天采的。"闵汶水听罢大笑起来，说他活了七十岁，还没有见到像张岱这样如此精于赏鉴的茶人，于是二人定交，结为茶中至友。

茶人交友，常要以茶会友，以品饮为乐事。据《清稗类钞》说，清代丹徒人张则之，极爱茶饮，至有茶癖。他以为对于茶的神明变化，"得乎口而运乎心"才算有功夫。他也善于鉴别水性，当外出访友时，总要带上自己品定过的泉水，"能入其室而尝其茶者，必佳士也"。这是说没有品饮的本事，就不大有可能同他建立起联系。

还有《云林遗事》说，元代画家倪瓒，也是个精到的茶人。他在惠山用核桃、松子仁和真粉揉成小石头样，放在茶汤中，取名为"清泉白石茶"。一

明·陈洪绶《饮茶图》

天来了一个客人,说是前宋宗室,名叫赵行恕。坐定后,倪瓒命童子上茶,赵行恕端起杯子便一饮而尽。倪瓒见了,顿时脸色大变,非常不留情面地说:"我以为你是王孙,特地用上好茶相待,没想到你一点也不识茶艺,不懂品饮,真是俗人一个!"因为这位赵行恕王孙不怎么在行,拿佳茶当白水饮,倪瓒毫不客气地与他断绝了来往。

究竟什么样的茶品才是佳品呢?不同的时代、不同的地区,会有不同的辨别标准。明代冯梦祯的《快雪堂漫录》说徐茂吴善辨茶之真伪,他以虎丘茶为第一名品,归为"王种";阳羡岕茶中的精品,则为"妃后";天池龙井,位列"臣种";其他茶类,就只能算作"民种"了。这是对茶品划分等级的一个喻说,还是比较生动的。

清代武夷天游观的静参羽士也将茶品分为四等,他的标准是香、清、甘、活,事见梁章钜《归田琐记》记述。静参说:"茶名有四等,茶品有四等……至茶品之四等,一曰香,花香、小种之类皆有之。今之品茶者,以此为无上妙谛矣,不知等而上之,则曰清。香而不清,犹凡品也。再等而上之,则曰甘。清而不甘,则苦茗也。再等而上之,则曰活。甘而不活,亦不过好茶而已。活之一字,须从舌本辨之,微乎微乎!然亦必瀹以山中之水,方能悟此消息。"

梁章钜以为,这一番话里有《茶经》所不见的精妙之处，而且还说陆羽在梦里恐怕都未见得想到过这样的道理。这位静参羽士把品味茶品的关键，归结到舌根的功夫上，不知清代还有没有这样用心、用骨品味茶之精髓的人。

陈贞慧的《秋园杂佩》，就讲述过这样的体验。他说阳羡茶中以岕茶为最佳，而岕茶中又以庙后所产为上品。庙后茶色、香、味三淡，刚品时入口只觉淡泊，一会儿"甘入喉"，又一会儿"静入心脾"，再一会儿"清入骨"。他以淡味为至味，而且还说士大夫中知道这一点的屈指可数。

虽然茶人各人对茶都会有独特的体验，对某些茶品情有独钟，但这并不是说品鉴不会有大体相似的标准。对茶的色、香、味、形都可进行品鉴。茶色，分成茶色、汤色和叶底色，同是绿茶，这三色在不同的茶品上均会表现出差异。茶形，不仅干茶有扁形、针形、颗粒形、圆珠形等，冲泡后的形状也变化多样。味与香，是内质的体现，口鉴难度比较高。不同的茶品，滋味会迥然不同：毛峰、云雾茶，滋味鲜醇爽口，浓而不苦，回味甘甜；碧螺春和毛尖茶，滋味鲜甜可口，汤味清和，清口生津；红茶，滋味浓烈，醇厚鲜甜；干茶香型有甜香、焦香、清香几种类型，茶汤又可分为栗子香、果味香、清香几种类型；花香茶除茶香外还有各种各样的花香。

对于茶品的赏鉴，还包括新茶与陈茶的区别，春茶、夏茶与秋茶的区别，高山茶与平地茶的区别，主要涉及生产的季节与地域两个方面。

人们习惯上将当年采制的茶称为新茶，而将上年及更早采制的茶称为陈茶。唐庚《斗茶记》说"茶不问团銙，要之贵新"；又《画墁录》引司马光的话说"茶欲新，墨欲陈"，都认为茶叶以新茶为佳，色、香、味、形都能给人以清新的感觉。而陈茶显陈气、陈味、陈色，茶叶中的酸类、酯类、醇类乃至维生素类物质发了改变。用现代茶学的话来说，由于光和氧气的作用，茶叶存放久了，会使构成茶叶色泽的一些色素物质发生分解，如绿茶叶绿素分解后，茶色的青翠嫩绿便会变为枯灰黄绿，同时由于抗坏血酸（维生素C）氧化产生的茶褐素又会使茶汤变成混浊的黄褐色。对红茶而言，由于茶黄素的氧化和分解、茶多酚的变化，颜色会由乌润变成灰褐色。对陈茶滋味发生变化的分析是：由于茶叶中酯类物质氧化而产生易挥发的物质和不溶于水的物质，使茶叶可溶于水的成分减少，所以滋味会由醇厚变得淡薄。又由于芳香物质的氧化和挥发，陈茶的清香也会远不及新茶。

如果贮存条件较好，茶叶的新鲜程度就会高一些，所以古今都极注意茶叶的包装，一般都要密封收藏。也有一部分新茶在贮存一段不太长的时间后，茶味和汤色更好，还会产生一种新香气。古时还有一种改善陈茶气味的简单方法，据《王氏谈录》说，只需采春茶初焙后与陈茶"杂而烹之",气味便可恢复清新。据说这办法效果甚佳,蔡襄也以为很有可取之处。

俗话说:春茶苦,夏茶涩。由于茶季的不同,采制的茶叶质量会有一定区别,所以有春茶、夏茶和秋茶的分别。古代诗文中常见以春茶为贵的句子,因为春茶色、香、味均在夏、秋茶之上。例如绿茶,由于春季茶树生长温度适中,雨量充沛,春芽肥壮,色泽翠绿,成茶滋味鲜爽,香气浓烈,所以采春芽制成的绿茶品质最好。如名品高级龙井、碧螺春、黄山毛峰、君山银针、顾渚紫笋等,都是幼嫩芽叶精细加工而成的春茶。

到了炎热的夏季,茶树芽叶生长过快,能溶于茶汤的水浸出物含量相对减少,尤其是氨基酸与含氮量的减少,使茶汤滋味远不及春茶鲜爽,香气也再不那么浓烈。而且由于带苦涩味的花青素、咖啡碱、茶多酚含量高于春茶,所以夏茶滋味也显得苦涩一些。

秋茶采制时,气候虽在春季之下、夏季之上,但已非茶树的最佳生长期,且经春、夏两季的采摘,茶叶内含物质已渐渐减少,所以滋味与香气显得比较平和,叶色泛黄,不如春、夏茶。

对于春茶、夏茶、秋茶的区别,现代茶学家们为我们提出了一些别的标准,通过冲泡前后的色、香、味、形进行分析,可以得出准确的结论。春茶条索紧结，珠茶颗粒圆紧，红茶色泽乌黑，绿茶色泽绿润，香气馥郁，便是春茶。如果是夏茶，茶叶外形条索比较松散，珠茶颗粒松泡，红茶颜色红润，绿茶较为乌黑。要是秋茶，茶叶大小明显不一致，绿茶色泽黄绿，红茶色泽暗红，香气较为平和。冲泡以后，茶叶下沉较快，香气浓烈持久，滋味醇厚，绿茶汤色绿中透黄，红茶汤色红艳，就是春茶。冲泡时茶叶下沉缓慢，稍欠香气，绿茶滋味苦涩且汤色青绿，红茶滋味欠厚带涩且汤色红暗，便是夏茶。如是秋茶，不仅香气不高，且滋味淡薄，叶缘锯齿比较明显。

对于高山茶与平地茶的区别，大体可以从这几个方面看出来：高山茶由于生长环境优越，芽叶肥壮，色绿，毛多，香气馥郁，滋味浓厚，耐冲泡。平地茶芽叶较小，叶色黄绿，香气欠久，滋味稍淡。高山茶的品质一般优于平地茶，尤以在海拔600米—800米山上生长的茶叶为好。茶农有时也想方设法在平地造出适宜茶树生长的生态环境，以求得到品质优良的茶叶。

3 斗茶

古代为优选上等佳茶，还通过一些特别的方式进行比试，称为"斗茶"，又称"茗战"。《云仙杂记》即云"建人谓斗茶为茗战"，建人即指建安茶人。

斗茶之风，以宋代最盛。在茶农之间要斗茶，品评所产茶品的等级；在卖茶人之间，也要斗茶，比试所卖茶品的高低；饮茶者之间，也结伴斗茶，比试自己藏茶的优劣。许多文人甚至帝王也参加到斗茶的活动中来，这对茶艺、茶学的发展与普及起到了巨大的推动作用。

蔡襄在《茶录》中说，宋代生产贡茶的建安，年年都要举行斗茶盛会，以茶品高低决定胜负。斗试的方法是："钞茶一钱匕，先注汤调令极匀；又添注入，环回击拂，汤上盏可四分则止。视其面色鲜白，著盏无水痕为绝佳。建安斗试，以水痕先者为负，耐久者为胜，故较胜负之说曰相去一水两水。"

范仲淹有一首《和章岷从事斗茶歌》，是对建安斗茶盛况有感而发，也是研究宋代产茶地斗茶试茶的珍贵史料。

年年春自东南来，建溪先暖冰微开。

溪边奇茗冠天下，武夷仙人从古栽。
新雷昨夜发何处，家家嬉笑穿云去。
露芽错落一番荣，缀玉含珠散嘉树。
终朝采掇未盈襜，唯求精粹不敢贪。
研膏焙乳有雅制，方中圭分圆中蟾。
北苑将期献天子，林下雄豪先斗美。
鼎磨云外首山铜，瓶携江上中泠水。
黄金碾畔绿尘飞，碧玉瓯心雪涛起。
斗余味兮轻醍醐，斗茶香兮薄兰芷。
其间品第胡能欺，十目视而十手指。
胜若登仙不可攀，输同降将无穷耻。
吁嗟天产石上英，论功不愧阶前蓂。
众人之浊我可清，千日之醉我可醒。
屈原试与招魂魄，刘伶却得闻雷霆。
卢仝敢不歌，陆羽须作经。
森然万象中，焉知无茶星。
商山丈人休茹芝，首阳先生休采薇。
长安酒价减千万，成都药市无光辉。
不如仙山一啜好，泠然便欲乘风去。
君莫羡花间女郎只斗草，赢得珠玑满斗归。

斗茶味，味超醍醐；斗茶香，香盖兰芷。这样的大规模斗茶活动，众目睽睽，容不得弄虚作假。获胜者就像步入仙境一般，负者如同降敌的将领感到莫

南宋·刘松年《茗园赌市图》

大耻辱。

斗茶中决出的佳品,最好的作为贡茶送到了京城,还有许多名品则进入流通渠道,集中到了茶商手中。茶商们在推销茶叶时,同样也要采用斗试的方式以显示茶品的优良特质,吸引顾客。

南宋画家刘松年所绘《茗园赌市图》,生动地描绘了茶市上斗茶的场面。在画面的右方,绘一卖茶的妇人,她领着一个孩子,右手提着茶炉,左手托着茶具。她似乎觉得自己无法与身旁的男茶贩做敌手,

茶艺

元·赵孟頫《斗茶图》

茶盏里的寄托

正准备愤愤然离开那里。在这个妇人的身后，是一个担挑的茶贩，他的挑担上陈列着各式各样的茶器，上面还贴有"上等江茶"的标签。他的担子上还用席片扎成了一个雨篷，便于在雨天也能经营他这活动的茶摊。画面的中心，描绘的正是斗茶的场面。参与斗茶的有5个男子，他们将茶具装在提篮中，挂在腰间，随带茶炉、茶壶，有的在往茶杯中注汤，有的正在品

元·钱选《品茶图》

饮。还有一位茶贩，好像已经败下阵来，提着茶炉悻悻离开了斗茶的现场。

后来画家钱选又仿此画绘成《品茶图》，画面上有6个斗茶的茶贩，似乎还没有分出胜负来。到了元代，著名画家赵孟頫又重新表现了这个主题，画面上只画了4位茶贩，茶贩们正在和气品评，彼此比较友善，这幅画直接名之为《斗茶图》。

茶盏里的寄托

到清代时，画家姚文瀚再一次重复了这个主题，他以刘松年《茗园赌市图》为蓝本，同时参考了钱选和赵孟𫖯的作品，画成了《卖浆图》。卖茶的小贩们聚在一起斗试，以此招徕饮者。当然这幅画更多地具有仿古意味，不可用作清代茶肆依然以斗茶为促销手段的证据。

清·姚文瀚《卖浆图》

　　在嗜茶的文人与官僚中间，也常以斗茶为乐事，比试自己所藏茶品的高下。五代时的和凝，官至宰相、太子太傅，是个有名的茶人，他与朝官们共同组织"汤社"，经常在一起切磋茶艺。《清异录》说："和凝在朝，率同列递日以茶相饮，味劣者有罚，号为汤社。"朝官们轮流做东，都要拿出最好的茶叶来品饮，

茶艺

谁的茶叶滋味如果差一点，还要受罚。在文人与官僚中间兴起的斗茶之风，到了宋代愈演愈炽。唐庚的《斗茶记》一文，就记述了与和凝汤社相类似的一次斗茶活动，文中这样写道：

政和二年三月壬戌，二三君子相与斗茶于寄傲斋。予为取龙塘水烹之，而第其品，以某为上，某次之。某闽人，其所贵宜尤高，而又次之。然大较皆精绝。盖尝以为天下之物，有宜得而不得，不宜得而得之者，富贵有力之人，或有所不能致；而贫贱穷厄流离迁徙之中，或偶然获焉。所谓尺有所短，寸有所长，良不虚也……今吾提瓶走龙塘，无数十步，此水宜茶，昔人以为不减清远峡，而海道趋建安，不数日可至，故每岁新茶，不过三月至矣。罪戾之余，上宽不诛，得与诸公从容谈笑于此，汲泉煮茗，取一时之适……

唐庚在这篇《斗茶记》中，谈到了"茶不问团铤，要之贵新；水不问江井，要之贵活"的见解，斗茶当然要品新茶、汲活水。斗茶的目的，也不纯为胜负，如唐庚所说，还为了"取一时之适"。有时候，真正得到好茶，也有不舍得拿出来斗试的。还有人得了皇上恩赐的龙团凤饼，也只是偶尔拿出来看一看，不愿碾碎了饮它。苏东坡有一首《月兔茶》诗，就提到当时人舍不得用不易得来的龙团茶斗试，诗中说：

环非环，玦非玦，中有迷离玉兔儿。一似佳人裙上月。月圆还缺缺还圆，此月一缺圆何年？君不见，斗茶公子不忍斗小团，上有双衔绶带双飞鸾。

传说苏东坡自己也有过斗茶经历，对手是著名的茶人蔡襄，他居然还斗败了蔡襄。《邻几杂志》说，斗茶时蔡襄用了惠山泉水，苏东坡所用的茶比不上蔡襄，但他用的是竹沥水，所以略胜一筹。苏东坡对斗茶颇有兴致，他有一曲《水调歌头》，实际上也描绘了建安采制春茶当即斗试的情景。

已过几番雨，前夜一声雷。枪旗争战建溪，春色占先魁。采取枝头雀舌，带露和烟捣碎，结就紫云堆。轻动黄金碾，飞起绿尘埃。

老龙团，真凤髓，点将来。兔毫盏里，霎时滋味舌头回。唤醒青州从事，战退睡魔百万，梦不到阳台。两腋清风起，我欲上蓬莱。

这里说的兔毫盏，是宋人一种专用斗茶之茶具，是带兔毫样斑点的黑色茶盏。陆羽《茶经》说唐时茶色贵红，而宋代的看法明显不同，茶色贵白。茶汤色白宜用黑盏，盏里更能显现茶白的本色，所以宋时普遍流行绀黑瓷盏。斗试时一定要使用黑盏，所以我们在刘松年所绘《茗园赌市图》上见到斗茶的茶贩们使用的都是黑盏。以后的《斗茶图》则改成了白盏,时代变了,使得这小小的物件也有了明显改变。

宋人斗茶,也引起了爱茶的帝王的关注。宋徽宗赵佶在他的《大观茶论》中说:"天下之士,励志清白,竟为闲暇修索之玩,莫不碎玉锵金,啜英咀华,较筐箧之精,争鉴裁之别。虽下士于此时不以蓄茶为羞,可谓盛世之清尚也。"这里所谓的"较筐箧之精,争鉴裁之别",指的即是斗茶。

斗茶作为品茶的一种手段,宋代以后虽不那么时兴了,不过也有人偶尔为之。元代洪希文的《煮土茶歌》就曾述及斗茶,诗云:"王侯第宅斗绝品,揣分不到山翁前"。

虽然斗茶之风不那么流行了,但对茶品的品鉴却并没有间断,只是方式有了改变,没有那种"茗战"的气氛了。就是到了现代,茶品的定级依然还是要通过比试才能确定,这种比试成了品评鉴定会,许多新的优质新品就是通过这个途径被承认的。

古代的斗茶,观色、嗅香、品味,完全由感官印象决定茶品的高下等级。在现代科学技术发展进步的前提下,茶学界已开展了对茶叶理化指标的广泛研究,如对茶叶的外形、容重、茶汤电导率、色泽、黏度、水浸出物,如咖啡碱、粗纤维、茶多酚、儿茶素、茶黄素与茶红素、氨基酸等的测定进行了许多研究,这些研究表明，虽然物化分析可以证明某种物质与茶叶品质的相关性，但却不能作为确定茶叶定级计价的依据。所以现在不论在国内还是在国外，人们对茶叶品质优劣和等级的鉴定，仍然还是采用同古人一样的感官审评方法。

茶叶的感官审评，一般分干茶审评和开汤审评两个部分，按外形、香气、汤色、滋味、叶底的顺序逐项进行比较。由于茶叶种类繁多，质量上的区别非常明显，评者总结出了一些审评标准，确定了一系列的常用评语。

如关于香气的评语，有馥郁、鲜嫩、清高、清香、花香、栗青、高香、鲜灵、幽香、浓郁、浓烈、甜香、老火、焦气、陈气、霉气、醇正、平和、闷气、青气等。

关于滋味的评语，有浓烈、鲜浓、鲜爽、甜爽、醇爽、鲜醇、醇厚、醇和、淡薄、平和、涩口、生涩、苦涩、焦味、陈味、异味等。

关于汤色的评语，有清澈、鲜艳、鲜明、明亮、嫩绿、黄绿、浅黄、深黄、黄暗、青暗、黄亮、金黄、红亮、浅红、暗红、棕褐、红褐、姜黄、棕红、粉红、灰白、混浊等。

这些标准的掌握，不是一件容易的事，要求审评人员不仅要掌握全面的茶学知识，还要有长期品茶经验的积累，一个审评人员应当是一个优秀的茶叶品鉴专家。

4 清幽雅致

古人进饮，非常讲究环境气氛，饮酒追求热烈的氛围，而饮茶则重在追求清静的环境。美妙的环境，有自然天成的，也有人为铺设的，饮茶时感受的雅致，在很大程度上来自清幽的环境，茶人因此而能比较容易地进入茶的最高境界。

从传世的许多文人画可以看出，古人饮茶多选择在松林、湖畔，或在庭院山石旁，或在书房深闺中。如明代唐寅的《品茶图》，都描绘了文人们在松间草庐品茶的情景。清人吴友如的《画谱》，有书斋品茶和庭院品茶的画面，表现了文人们的情趣所在。

后世常以在花前月下品茗为一种雅赏，不知唐代对于花前饮茶是最忌讳的，谓之"杀风景"。宋人胡仔的《苕溪渔隐丛话》引《三山老人语录》说："唐人以对花啜茶，谓之杀风景。"所以王安石在给他的兄弟王安甫寄茶时所附的一首诗中说："碧月团团堕九天，封题寄与洛中仙。石楼试水宜频啜，金谷看花莫漫煎。"王安石让他的兄弟收到茶后，不要高兴过了头，千万别在金谷园赏花时去煎茶。

视对花饮茶为杀风景，最早见于李商隐的《义山杂纂》，列举了几种在当时看作是杀风景的事，包

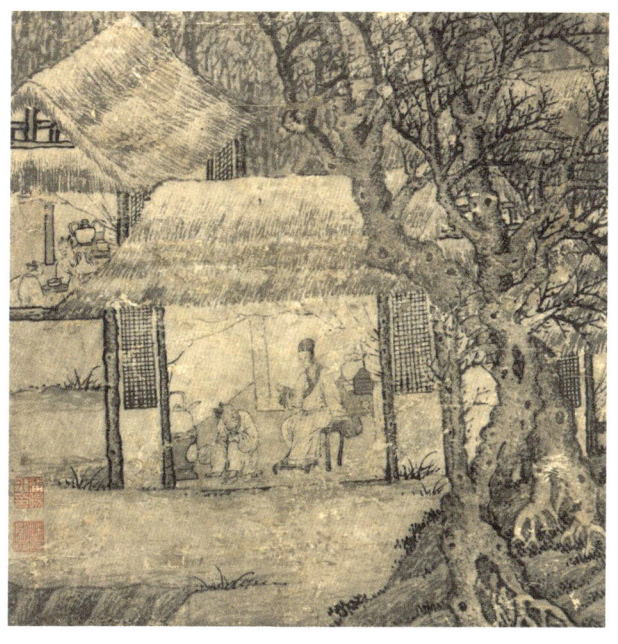

明·唐寅《品茶图》

括"清泉濯足，花上晒裤，背山起楼，烧琴煮鹤，对花啜茶，松下喝道"。这都是一些不雅不文的行为，"对花啜茶"之所以也列在其中，恐怕主要是因为花香会妨碍人们品味茶香。所以晏殊教人饮茶别去杀风景，要赏花时你就饮酒好了，他的一首诗正是这样说的："稽山新茗绿如烟，静挈都蓝点惠泉。未向人间杀风景，更持醽醁醉花前"。北宋时人们还忌讳这种杀风景，显然是受了唐人的影响。

到了南宋后期，对花品茶已不再被人认为是"杀风景"了。《冷庐杂识》说："对花啜茶，唐人谓之杀风景，宋人则不然。张功甫梅花宜称有'扫雪烹茶'一条。（陆）放翁诗云：'花坞茶新满市香'，盖以此为韵事矣。"这时不仅可以对花饮茶，茶人还以花香激发茶香，制成了花香茶，传统观念有了明显改变。

在明代人看来，饮茶的最佳场所还是自构的茶室内，古人称之为"茶寮"。明人文震亨的《长物志》就说："构一斗室，相傍山斋，内设茶具，教一童专主茶役，以供长日清谈。寒宵兀坐，幽人首务不可少废者。"

饮茶设专门的处所，最早当起于唐代。《旧唐书·宣宗纪》说，唐大中三年（849），从东都洛阳送到长安一位长寿僧人，年龄约有130岁。唐宣宗问他服何药物得以如此长寿，老僧人回答说，他年少时穷得很，平日里也不知什么药可长寿，只是特别爱饮茶。不论走到哪里，只求有茶就行，有时饮上一百碗，也不会厌烦。宣宗听了，赐名茶五十斤，让这僧人住进"保寿寺"，而且还为他建了一间专用的茶室，将这茶室名之为"茶寮"。

明代陆树声的《茶寮记》说，他自己在园子里建了小寮，是为饮茶之所。茶寮内有茶灶，所有茶具一应俱全。选一个比较懂得茶艺的人主持茶事，还有人帮忙汲水煎茶。一有客人造访，茶烟袅袅升腾竹林之外，主客相对，结跏趺坐，品饮佳茶，体味"清净味中三昧"，以为人生一大乐事。

茶艺

清·吴友如《画谱》中的《品茶图》

这种追求"竹里飘烟"的雅致，还见于徐渭的《徐文长秘集》之中，正所谓"茶宜精舍，宜云林；宜磁瓶，宜竹灶；宜幽人雅士，宜衲子仙朋；宜永昼清谈；宜寒宵兀坐；宜松月下、宜花鸟间；宜清流白石、宜绿藓苍苔；宜素手汲泉，宜红妆扫雪；宜船头吹火，宜竹里飘烟"。我们从这些话里还可以看出，一些文人喜爱夜里饮茶，于幽中、静中品味玉泉清茗。罗廪的《茶解》也说："山堂夜坐，汲泉煮茗，至水火相战，如听松涛，倾泻入杯，云光潋滟，此时幽趣，故难与俗人言矣。"夜里品茗，竟有如此之雅，这种雅对俗人很难言说，只有高洁的饮者才能领略得到。能想得到，这正是古代茶人的一种自豪与骄傲。

饮茶原本是要费些工夫的，对南方人来说，雨天赋闲自然就成了很好的品饮时机。如此久之，反倒成了茶人追求的一种佳境。清人张大复的《梅花草堂笔谈》就说："焚香啜茗，自是吴中人习气，雨窗却不可少。"焚香品茶，是受了佛教的影响，茶与佛教的关系，我们在后面还要述及。

古人为追求品饮的雅致，对饮茶的最佳地点和时间，提出了一些选择的标准。明代许次纾的《茶疏》就开列了长长的一个单子，说以下这样的时刻都宜于品茶：

心手闲适——心手两闲，可于静中得幽。

披咏疲倦——劳累之后，可以缓解疲乏。
意绪棼乱——心烦意乱，需使精神安定。
听歌闻曲——欣赏歌曲，可以助人乐思。
歌罢曲终——曲终人散，回味绕梁余音。
杜门避事——闭门谢客，需要化解烦闷。
鼓琴看画——弹琴赏画，融音画为一体。
夜深共语——深夜交谈，帮助交流情感。
明窗净几——环境幽雅，鉴裁清赏雅玩。
洞房阿阁——深闺亭阁，排遣离愁别恨。
宾主款狎——主客相投，纵论海阔天空。
佳客小姬——美人女眷，和悦脉脉温情。
访友初归——别友归家，挚情铭刻心上。
风日晴和——风和日丽，正好和神娱肠。
轻阴微雨——细雨蒙蒙，撩人绵绵情思。
小桥画舫——河畔湖滨，怀旧访古相宜。
茂林修竹——松林竹院，领略自然天趣。
课花责鸟——花鸟之间，度过闲暇时光。
荷亭避暑——伏日炎夏，正好纳凉消暑。
小院焚香——焚香品茗，觉悟禅中真谛。
酒阑人散——酒宴之后，借以醒酒解酲。
儿辈斋馆——蔬素食饮，不与荤腥共享。
清幽寺观——佛寺道观，抛却尘世烦扰。
名泉怪石——水清石异，陶醉人间仙境。

许次纾还说，饮茶时，不宜靠近阴室、厨房，也不宜在喧闹的街市，不要与粗野人共饮，不要让仆从嬉戏打闹，也不要在酷热的斋舍。

生活在明清之际的隐士冯可宾著有《岕茶笺》，也有与许次纾大体相似的观点，他说："茶宜：无事，佳客，幽坐，吟咏，挥翰，徜徉，睡起，宿醒，清供，精舍，会心，赏鉴，文僮"。这样一说，品茶似乎就纯是有闲文人们的清赏雅玩了，难怪有些现代人很不以为意。的确，这在很大程度上代表了文人们的追求，但它是一股潮流，明显影响了饮茶风尚的发展趋势。

文人代表的是一个阶层，真正大众化的品茶，不会有文人们要求的那样静、幽、洁、雅，平民百姓也不具有文人们的条件和工夫，但却或多或少地受到文人风气的影响。更重要的是，茶饮进入到切切实实的日常生活中，同时也进入了大众的精神生活领域，人们用茶祭祀先祖，用茶款待来客，以茶缔结婚姻。这些古代茶礼、茶俗方面的内容，在后文还将述及。

平民百姓也像文人们一样，可以居家品茗，他们还可以到茶馆去品茗。茶馆文化的兴盛，正是大众化品茗的必然结果。茶馆中的氛围，与居家茶寮明显不同，那又是另一番景象了。

5 茶馆

公共饮食业的发展，使得街市上不仅有了饭馆，也有了茶馆。人们可以在家中品茶，也可以到茶馆品茶，可以与更多的人交流茶艺，可以品饮到更多更好的茶。

茶馆，有的地方称为茶楼，有的则称为茶亭。古今还有茶肆、茶坊、茶寮、茶社、茶屋、茶园、茶室等名称。茶馆不仅是一个饮茶的场所，也是一个公共交际场所，是一个袖珍的小社会。

煮茶卖饮，这种商业活动的出现可能不晚于两晋时代。《广陵耆老传》说："晋元帝时，有老姥每旦独提一器茗，往市鬻之，市人竞买。"这虽然是一个带有神话色彩的故事，但卖茶在当时应当是已有之事了。

到了唐代，茶馆便已在市镇上立住脚跟了。唐人封演的《封氏闻见记》写道："自邹、齐、沧、棣，渐至京邑，城市多开店铺，煎茶卖之，不问道俗，投钱取饮。其茶自江淮而来，舟车相继，所在山积，色额甚多。"茶叶贸易的扩大，为茶的普及提供了条件，也为茶饮的普及提供了条件。

到了宋代，茶馆空前兴盛和繁荣起来，这是茶饮普及的一个明显标志。孟元老的《东京梦华录》说，汴京茶坊极多，有早市茶坊，也有夜市茶坊，不论白天黑夜都可以在街市上找到饮茶的去处。如潘楼鬼市的茶坊"每五更点灯"，夜游的仕女们往往到这里来吃茶。在马行街一带，到三更时分街上会走来一些提瓶卖茶的，供那些在夜里公干、私干的京城人饮用。南渡以后，临安的茶场更胜于汴都。《梦粱录》说，临安"处处各有茶房"。在卷十六还专有一节记述了临安的各种茶坊，说茶肆也依照熟食店的做法，"插四时花，挂名人画，装点店面"，茶坊不仅卖茶，还兼营其他饮品，"四时卖奇茶异汤，冬月添卖七宝擂茶、馓子、葱茶，或卖盐豉汤。暑天添卖雪泡梅花酒，或缩脾饮暑药之属"。茶肆中的茶坊，各有各的老主顾，来客不同，也使得它们的经营特色有一定的差异。《梦粱录》这样描述各类茶坊的差异：

大凡茶楼，多有富室子弟、诸司下直等人会聚，习学乐器、上教曲赚之类，谓之"挂牌儿"。人情茶肆，本非以点茶汤为业，但将此为由，多觅茶金耳。

又有茶肆专是五奴打聚处，亦有诸行借工卖妓人会聚行老，谓之"市头"。大街有三五家开茶肆，楼上专安著妓女，名曰"花茶坊"。如市西坊南潘节干、俞七郎茶坊，保佑坊北朱骷髅茶坊，太平坊郭四郎茶坊，太平坊北首张七相干茶坊，盖此五处多有炒闹，

北宋·张择端《清明上河图》中的茶肆

非君子驻足之地也。

更有张卖面店隔壁黄尖嘴蹴球茶坊,又中瓦内王妈妈家茶肆名一窟鬼茶坊,大街车儿茶肆、蒋检阅茶肆,皆士大夫期朋约友会聚之处。

宋代的这些茶坊,名号都不怎么雅顺,多以人名、地名为号。到了明代,文人们注意到这一点,店名取号以雅为尚。张岱《陶庵梦忆》说,有人在崇祯年间开了个茶馆,茶艺相当考究,"泉实玉带,茶实兰雪;汤以旋煮,无老汤;器以时涤,无秽器。其火候、汤候,亦时有天合之者"。张岱品饮之后,非常高兴,用宋代米芾诗意"茶甘露有兄",为这个茶馆取名为"露兄"。他还为这茶馆作有《斗茶檄》,以"八功德水,无过甘滑香洁清凉;七家常事,不管柴米油盐酱醋"

这样的句子，盛赞茶馆茶艺的精到，有古人之遗风。

到了清代，饮茶之风更盛，茶馆也就更加普及了。由于各地风俗传统的差异，茶馆也具有了明显的地方特色，经营方式也有显著差别。

身居北方的京城人，虽然自己并没出产过什么名茶，但在品茶一道却表现有自己的特色，宫廷茶艺不失高雅本色，市井茶馆也有丰富的内涵。旧北京茶馆很多，有大茶馆、清茶馆、书茶馆、贰浑铺、红炉馆、野茶馆等类，还有不计其数的茶棚、茶铺。

所谓书茶馆，是个饮佳茗、听评书的场所，多集中在东华门和地安门一带。评书分白班和夜班两场，夜班往往开到半夜。在天桥一带也有书茶馆，但以表演曲艺为主，如梅花大鼓、京韵大鼓、梨花大鼓等，偶尔也有片断的评书。较好的书茶馆陈设幽雅，木桌、木椅或藤桌、藤椅，墙上挂有字画。说书先生由茶馆聘请，收入双方分成。有时一部大书可以说上几个月，所以听客常常是些老顾客。书目有《三国》《隋唐演义》《包公案》《西游记》等，有历史演义，也有神怪故事。听者一面听书，一面品茶，领受传统文化的双重熏陶。

清茶馆也是一个娱乐的场所，不同之处是茶客可以自娱，不像书茶馆那样只是坐在那里听听而已。清茶馆门前挂有标明茶品的招牌，清晨挑火启门营业，准备迎接茶客。首批茶客往往是遛早儿的老人，

清·徐扬《姑苏繁华图》中的茶肆

他们累了，便提着鸟笼子来茶馆品饮休息。老人们论茶、说鸟、谈家常，对老板时常组织的鸟会更是向往之至。过了晌午，茶馆里又是另一拨茶客，全为商人、牙行、小贩，他们常常在这里一面饮茶，一面谈生意。另外还有一种专为爱好棋类的茶客开办的棋茶馆，棋茶馆所卖茶饮档次一般不高，所以来品饮对弈的多是一些普通市民。

野茶馆是设备比较简陋的具有浓厚野趣的饮茶场所，多设在风景宜人的地方。如朝阳门外的麦子店，有许多苇塘，捞鱼虫的、钓鱼的城里人常常光顾这里，累了时，他们便要到这里的茶馆坐坐。在六铺炕的瓜棚豆架之间，人们来这里饮茶，可以尽享田园乐趣。野茶馆营业的季节性比较强，到了冬季往往就要收摊了。

北京的大茶馆，是在饮茶之外还可以享用食物的去处，文人们的聚会和商人们的接洽常在这里进行。大茶馆依所售食品的类别，又分为红炉馆、窝窝馆等。红炉馆经营烤饽饽等满汉点心，如大八件、小八件之类。窝窝馆则专做小点心，如艾窝窝、蜂糕、烧饼等。现在去北京前门的老舍茶馆，可以领略到旧北京大茶馆的风貌。

还有一种二荤铺，既卖清茶，也卖酒饭。顾客可以自带原料到店中烹调，所以有了二荤铺这个名称。

在北京，现代已很少见到茶馆了，可是在四川，却仍然可以见到很多茶馆，川人嗜茶的传统一贯古今。成都的茶馆有的很大，可以容纳数百人品茶。传统的川茶馆讲究紫铜壶、景瓷盖碗、锡杯托、圆沱茶，还要有身怀点茶绝技的茶博士。川人很喜爱到茶馆一面品茶，一面摆"龙门阵"。有些闲散人士，常常一

老茶馆

起床便钻进了茶馆,在里面品茶,进早点,然后便在一起摆"龙门阵"。有的人一整天都在茶馆里度过,吃罢午饭接着再来。有些茶馆还有曲艺演唱之类的表演,成为文化活动的场所。

川茶馆里行茶的茶博士,都有从小练就的点茶绝活。茶客一进门,茶博士便大声喊着打招呼,很快就将茶杯摆上,当面冲注茶水,盖好。遇到许多人一起来品茶,茶博士便将许多茶碗摆在一起,然后左手翻碗盖,右手提壶注水,很快就将全部茶碗都沏好了茶。只见茶水不间断地依次注入茶碗中，好的茶博士能做到滴水不漏。

在杭州茶室，见不到表演点茶绝技的茶博士，茶客们似乎更注重茶品的选择，也注重幽雅环境的独特氛围。西湖茶室，或在幽谷山林间，或在亭台楼榭中。茶客们在品茗时，饱览秀丽的湖光山色，佳茗配佳境，是一种非常美好的享受。杭人品茶，崇尚当地所产的名品西湖龙井，配以虎跑泉水，美上加美。

闹市上海，茶馆兴起是在清代。上海没有西湖美景，他们称上海茶馆为"孵茶馆"，那滋味不是杭州人能体会得到的。上海的茶馆，较有名的为洋泾浜附近的"丽水台"和南京路的"一洞天"，还有老城隍庙的"老得意楼"和豫园茶室。老得意楼为三层楼的茶馆，楼下吃茶的多是挑夫力役，二楼可以品茶听书，三楼可举行茶鸟会。这类茶馆既像北京的书茶馆，也像清茶馆，兼得两者之妙。晚清起，上海又有了广东茶馆，如广东路的"同芳茶居"，清晨有鱼生粥，晌午有各式点心，夜里则有莲子羹、杏仁酪，完全是广东风味。

广州人称茶馆为茶楼，清代的"二厘馆"茶楼遍及广州，一位茶客花二厘便可尽兴品饮。广州茶楼是茶中有饭，饭中有茶，吃早茶便是用早点，有点近似北京的大茶馆。茶楼的老茶客一般是一盅两件：一杯茶，两个叉烧包或者烧卖、虾饺等，所费无几。

乡间也有不少茶馆，傍水而居，茶客也享用一盅两件。有人描述这乡间茶馆时说，早茶，在河上茶居看朝日晨雾；午茶，看过往船只扬帆摇橹；晚茶，看玉兔东升水浸月色。乡民们终日的劳累便在这三茶之中消融化解了，他们将去这乡间茶馆称为"叹茶"，在叹茶中体味清香甘露，也体味人生的苦辣酸甜。

  人与人之间需要交流，劳累之后需要娱乐，需要休息，所以建起了茶馆，走进了茶馆。在成为历史的过去是如此，在现代也是如此，人们仍然需要茶馆，不少人都是通过茶馆使自己与社会更紧密地联系起来。

6 茶趣

酒中有趣，茶中也有趣。茶味之趣在品，品味以外，饮茶还有法趣和意趣之雅。古人重饮法，重品味，也重追求茶中意趣，这是更高一个层次的享受，也是一个并非是所有茶人都能到达到的境界。

从饮用方法而论，酒茶有些类似，都可以独酌，也都可以主宴，既有酒宴，也有茶宴。茶兴起于两晋南北朝之际，一些人开始以茶代酒，用糕点佐茶，与耽于饮酒的名士们形成鲜明对比。唐代文人们更是常常举行茶宴，以茶聚友，品茶吟诗。吕温的《三月三日茶宴序》说，他们几个朋友在本来应该曲水流觞的三月三日，以茶入宴，"酌香沫，浮素杯，殷凝琥珀之色，不令人醉，微觉清思。虽五云仙浆，无复加也"。他称这种茶宴为"尘外之赏"，感觉远胜酒宴。钱起有一首茶宴诗，也抒发了类似的感受，诗曰："竹下忘言对紫茶，全胜羽客对流霞。尘心洗尽兴难尽，一树蝉声片影斜"。

宋代时，宫廷茶宴已有比较固定的程式，成为宫中重要的礼仪之一。据蔡京《延福宫曲宴记》说，徽宗于宣和二年（1120）主持过一次盛大的宫廷茶宴，皇帝"亲手注汤击拂，少顷，白乳浮盏面，如疏星淡月。"群臣品饮，饮毕还要顿首称谢，谢皇上的恩典。

清代也有一位爱茶的皇帝，就是乾隆。乾隆爱饮茶，也爱举行茶宴招待臣下。有人统计，在乾隆八年至乾隆六十年的53年间，有48年宫廷内都举行过茶宴，有时规模还相当大。宫廷茶宴讲究严格的礼数，相当拘谨，与宴者不可能尽兴享用御茶的甘美。

文人饮茶，有茶会，但不求规模太大，常常以客少为佳。明代陈继儒的《岩栖幽事》说："品茶，一人得神，二人得趣，三人得味，七八人是名施茶。"类似的说法还见于张源，他说："饮茶以客少为贵，客众则喧，喧则雅趣乏矣。独啜曰幽，二客曰胜，三四曰趣，五六曰泛，七八曰施"。品茶时人越少越好，一个人独饮最妙。人若一多，雅趣一点也不会有了。即便是聚会品茗，仍然注重个人的品鉴形式，甚至强调一人一壶，彼此少了许多干扰。据《清稗类钞》说，嗜饮芥茶的冯可卿以为："饮芥茶者，壶以小为贵。每一客，则一壶，任其自斟自饮，方为得趣。盖壶小则香不涣散，味不耽搁。况茶中香味，不先不后，只有一时，太早则未足，太迟则已过，见得恰好，一泻而尽"。在聚饮时又进一步强调了"自斟自饮，方为得趣"，这与酒人的独酌显然是不一样的。

古人追求茶中之趣，还有一种"分茶"之趣，这也是茶艺走向极端的一种表现。分茶又称为"茶百戏"，更是茶道中的奇术。据《清异录》说："近世有下汤运匕，别施妙诀，使汤纹水脉成物象者，禽兽虫鱼花草之属，纤巧如画，但须臾即就散灭"。用茶匙在茶面上施以妙诀，即能使茶面生出各种图像，动物、植物都可显现，这样的点茶功夫，非一般人所能有，所以被称为"通神之艺"。更有甚者，还有人能在茶面幻化出诗文来，奇上加奇。《清异录》说，有个叫福全的沙门有此奇功："沙门福全生于金乡，长于茶海。能注汤幻茶成一句诗，并点四瓯，共一绝句，泛乎汤表，小小物类，唾手办耳"。这简直近乎巫术了，还说是小事一桩，很容易办到。有

现代表演的茶百戏

主登门以求一饱眼福，请福全表演，福全十分自重，有诗自咏道："生成盏里水丹青，巧尽工夫学不成。

碧山深处绝纤埃,面轩窗
对坐闲敲雨乃过茶事
好烹汤而沸有明来
嘉靖辛卯山中茶事方盛
陆子傅过访遂汲泉煮
而品之真一段佳话也
征明制

明·文徵明《品茶图》

却笑当时陆鸿渐，煎茶赢得好名声"。

像福全这样的本事，一般的茶人是很难掌握的，不过在分茶时幻化出比较简单的图案来，也许并非是"巧尽功夫学不成"的。宋代还有一些文人乃至皇帝，对分茶之道十分感兴趣，也能掌握基本的技艺。宋徽宗赵佶就会分茶，蔡京的《延福宫曲宴记》说这位皇帝在举行一次茶宴时，自己亲自注汤击拂，一会儿白茶沫浮起在盏面上，有图形"如疏星淡月"。诗人陆游也精于此道，他的诗中就记有分茶之事，其中一首《临安春雨初霁》云："矮纸斜行闲作草，晴窗细乳戏分茶"。写他失意时以草书分茶自遣。陆游还曾同他的幼子一起分茶，共享天伦之乐。

宋代还有一人也许是因为分茶不得要领，但又不甘于平平淡淡品饮，就想出了另一个名为"漏影春"的品饮方法，在注汤之前就使茶末在茶碗底组成图案，也可以赏心悦目。漏影春的方法也见于《清异录》的记述，书中说："漏影春法，用镂纸贴盏，糁茶而去纸，伪为花身，别以荔肉为叶，松实鸭脚之类珍物为蕊，沸汤点搅"。就是先用纸刻出花朵的图样，将图样放在茶盏底部。在纸上撒下茶末，平平提起纸样，茶末便顺着镂空的花样漏到盏底，茶末组成的花朵就这样容易地做成了。最后，还要用一些果仁果料组成花叶和花蕊，人们在冲点之前，又因此多了一种美好的感受，又多享了一份乐趣。

在古代茶人看来，品味中有趣，点注中有趣，茶中还有更重要的意趣，这应当是最难体味的。按照茶人们的话说，茶品重要，人品更重要，茶这种饮料特别适合那些德行高洁的人。明代屠隆在其所著《考槃余事》中就说："茶之为饮，最宜精行修德之人。兼以白石清泉，烹煮如法，不时废而或兴，能熟习而深味，神融心醉，觉与醍醐甘露抗衡，斯善赏鉴者矣。使佳茗而饮非其人，犹汲乳泉以灌蒿莱，罪莫大焉！有其人而未识其趣，一吸而尽，不暇辨味，俗莫甚焉！"一吸而尽，便是不识茶中趣，而能达到"神融心醉"的境界，才算是真正懂得饮茶的人。这里所说的茶趣，使是在味趣之上的意趣。

后人都知道唐代诗人大都嗜酒，其实也不乏嗜茶者，他们对茶的体验有时要超过对酒的体验。诗人们常常相互寄新茶，或回赠茶诗，发彼此诗兴，也联络了彼此的感情。诗人卢仝的《走笔谢孟谏议寄新茶》诗，为答谢友人赠茶而作，抒发了自己在茶中所获得的乐趣：

日高丈五睡正浓，军将打门惊周公。
口云谏议送书信，白绢斜封三道印。
开缄宛见谏议面，手阅月团三百片。
闻道新年入山里，蛰虫惊动春风起。
天子须尝阳羡茶，百草不敢先开花。

仁风暗结珠琲瓃,先春抽出黄金芽。

摘鲜焙芳旋封裹,至精至好且不奢。

至尊之余合王公,何事便到山人家?

柴门反关无俗客,纱帽笼头自煎吃。

碧云引风吹不断,白花浮光凝碗面。

一碗喉吻润,两碗破孤闷。

三碗搜枯肠,唯有文字五千卷。

四碗发轻汗,平生不平事,尽向毛孔散。

五碗肌骨清,六碗通仙灵。

七碗吃不得也,唯觉两腋习习清风生。

蓬莱山,在何处?

玉川子,乘此清风欲归去。

山上群仙司下土,地位清高隔风雨。

安得知百万亿苍生命,堕在巅崖受辛苦。

便为谏议问苍生,到头还得苏息否。

这位玉川子的"七碗茶",后人认为是难得的好诗,有难得的意趣。所以不少诗人又以这"七碗茶"入诗,似乎揣摩到了卢仝的意趣。如宋人孔仲平有诗云:"何须魏帝一丸药,且尽卢仝七碗茶。"又有元人耶律楚材诗云:"卢仝七碗诗难得,念老三瓯梦亦赊。"

唐人中真得茶中意趣的还有释皎然,一个诗僧,也是一个著名的茶僧。他的诗《饮茶歌诮崔石使君》

生动描述了自己一饮、二饮、三饮的感受，与卢仝的"七碗茶"诗有异曲同工之妙。他的诗是这样写的：

越人遗我剡溪茗，采得金牙爨金鼎。
素瓷雪色缥沫香，何似诸仙琼蕊浆。
一饮涤昏寐，情来朗爽满天地。
再饮清我神，忽如飞雨洒轻尘。
三饮便得道，何须苦心破烦恼。
此物清高世莫知，世人饮酒多自欺。
愁看毕卓瓮间夜，笑向陶潜篱下时。
崔侯啜之意不已，狂歌一曲惊人耳。
孰知茶道全尔真，唯有丹丘得如此。

一饮涤昏，令人情思爽朗；二饮清神；三饮得道破烦恼。作为一个僧人，有这种体验，应当说是很深刻的。这么说来，这茶的作用与忘忧的美酒作用又有些相似了，当然茶是清神的，而酒则昏神，同是忘忧，效果却完全两样。

唐代的茶诗虽比不上酒诗那样多，好诗并不算少，诗人爱茶的心都写入到诗中。元稹有一首一字至七字诗《茶》，也是描述饮茶意趣的，但与其他茶诗相比，却是别具一格，透出一股清新的气息：

茶

香叶，嫩芽。

慕诗客，爱僧家。

碾雕白玉，罗织红纱。

铫煎黄蕊色，碗转曲尘花。

夜后邀陪明月，晨前命对朝霞。

洗尽古今人不倦，将知醉后岂堪夸。

宋代爱茶的诗人也许要比唐代多，所以茶诗的数量也不少，其中有不少作者也是抒发自己所领略的茶趣的，如苏东坡的《次韵曹辅寄壑源试焙新芽》诗，诗中将茶比作"佳人"，这也算是一种感受。

仙山灵草湿行云，洗遍香肌粉未匀。

明月来投玉川子，清风吹破武林春。

要知玉雪心肠好，不是膏油首面新。

戏作小诗君勿笑，从来佳茗似佳人。

从来佳茗似佳人，在文人眼中，佳茗与佳人之间是可以画等号的。

黄庭坚在《品令·咏茶》词中，将品到的茶香、茶味比作久别的故人，烹饮之趣写得深沉委婉，是茶词中难得的佳作，词云：

凤舞团团饼，恨分破，教孤令。金渠体净，双轮慢碾，玉尘光莹。汤响松风，早减二分酒病。

味浓香永，醉乡路，成佳境。恰如灯下故人，万里归来对影。口不能言，心下快活自省。

茶中的意趣，还有这样的佳境。品上一盏佳茗，怎不心旷神怡！

7 茶俗

在饮茶的时刻,文人们品味的主要是精神上的享受。对平民百姓而言,虽然更多考虑的是物质生活上的必需,但也有与文人们相同的一面,茶在人们的精神生活中也发挥了不可低估的作用。在平民百姓中发展和完善起来的传统茶礼,也表现出丰富的茶艺内容,其中包括许多少数民族创立的独特茶俗,同样为中国茶文化增添了光彩。

我们普通的人家,在有客人登门时,通常先要上一杯清茶,然后与客人一面品茶,一面交谈。以茶待客的礼俗,唐宋时代即已形成,而它的出现还要更早。弘君举《食檄》中"寒温既毕,应下霜华之茗"的句子,表明两晋时代已有了以茶待客的礼仪。

在历代茶诗中,有不少是记述主人以茶待客或客人谢茶的,如唐颜真卿的《月夜啜茶联句》"泛花邀坐客,代饮引情言";钱起的《与赵莒茶宴》"竹下忘言对紫茶,全胜羽客醉流霞";郑谷的《峡中尝茶》"龙门病客不归去,酒渴更知春味长";僧灵一的《与亢居士青山潭饮茶》"野泉烟火白云间,坐饮香茶爱此山";宋人沈与求的《戏酬尝草茶》"惯看留客费瓜茶,政羡多藏不示夸";僧惠洪的《与客啜茶戏成》

"道人要我煮温山，似识相如病里颜"；明代陆容的《送茶僧》"江南风致说僧家，石上清香竹里茶"……便都是诗人们与茶客应酬留下的诗句。

接待初见面的或是关系并不十分亲近的客人，民间有敬三道茶的风俗。第一道茶表示主人的热情，第二道茶客人要仔细品饮，主客谈兴集中在此时。第三道茶一般表示主人要送客，待茶斟好，客人明白自己该告辞了。在有些场合，也有主人端杯即表示逐客的意思，那是在不投缘的主客之间才会发生的事。

在茶圣陆羽写作《茶经》的地方——浙江湖州，人们以茶待客有一套程式化的做法，可以算是茶艺的一个突出代表性茶礼。这程式可分延客、列具、煮水、冲泡、点茶、捧茶、品饮、送客、清具等几道程序。客人到来，主人礼请上座，随即用吊罐煮水；取出茶叶，用三指夹起，一撮撮放入茶碗，同时还要加入一把烘干的腌青豆和其他佐料；用沸水冲泡，杯中注水只七成满，用筷子搅拌茶汤；女主人拜茶给客人，请客人品饮，摆出干果和瓜子佐饮；茶碗冲注三开，茶水已淡，客人最后还要吃掉佐料和豆子。如接着品饮，需重泡一杯，与第一杯泡法相同。

湖州还有一种"打茶会"。已婚妇女每年都会聚在一起几次，高高兴兴地品茶。聚会之前，先约定某家出面主持，主人要做好烹饮的各种必要准备。妇女们品饮时，还要以茶为题说些吉庆之类的话，这便叫"打茶"。妇女们要称赞茶品、茶汤，也称赞主人的和善。品茶的程序，与上面所说的以茶待客的方式基本相同，但这已是名副其实的茶会。这种"打茶会"形式质朴自然，人们的思想感情由此得到沟通与交流，这可以看作是古代文人茶会的遗风。

民间的工夫茶，是具有相当茶艺水平的一种品茗方法，其中以潮汕工夫茶最具特色。潮汕工夫茶一般限主客四人同饮，客人按辈分和身份分坐主人两侧。所用茶具十分讲究，包括茶壶、茶杯和茶池，小巧玲珑。茶壶小到只有柿子般大，茶杯仅容一口汤而已，茶池为一个带有贮渗水罐的茶盘。工夫茶的冲泡要求比较高，有"十法"之说，与其他茶艺不同之处是增加了烫杯、热壶、盖沫、淋顶几道程序。

客人坐定后，主人亲自泡茶，将铁观音茶置入壶中，即注水开茶。开茶也称洗茶，用第一道泡茶水洗杯，同时也等于洗了茶。接着冲入二道水，主人开始行茶，将四个小杯子并放在一起，巡回注入壶中的茶水，人称这种注茶法为"关公巡城"。壶中最后剩下的茶汁，也一滴一滴均匀点入4个杯中，称"韩信点兵"。

行茶完毕，主人双手捧杯，依长幼次序置客人面前。客人品茶，要细细玩味，不能一口咽下，然后还要向主人亮亮杯底，表示对主人茶艺的赞赏。如此一巡一杯，壶中泡到五六次，茶香茶味已淡，品饮即

潮汕工夫茶

将结束。最后一壶茶行毕,主人用竹筴将壶中茶叶夹出,放在小盅内,让客人观赏,叫作"赏茶"。

潮汕工夫茶是古代茶艺传统的延续,它不仅仅是文人们的雅尚,也被山乡农家所喜爱,它是一种大众化的茶艺,值得发扬光大。清代名士袁枚饮工夫茶后有一种新的感受,改变了他过去对武夷茶不喜爱的成见(过去总以为茶味浓苦如药)。他在《随园食单》中记录了自己获得的新感受,说武夷茶"杯小若胡桃,壶小如香橼。每斟无一两。上口不忍遽咽,先嗅其香,再试其味,徐徐咀嚼而体贴之,果然清芬扑鼻,舌有余甘。一杯之后,再试一二杯,令人释躁平矜,怡情悦性"。当然,工夫茶是要花功夫的,现代生活的快节奏也许会对它和茶艺产生一些影响,但相信它还会存在下去,更会融入时代色彩,臻于完美。

在许多少数民族中,也有古今大体相承续的茶

擂茶

艺传统。与汉族不同的是，少数民族饮茶方法多不属清饮系统，而属于调饮系统，分为加奶和加佐料两个大的亚系统。

居住在川、黔、湘、鄂交界地带的土家族，喜饮擂茶。擂茶又名三生汤，因用生茶叶、生姜、生米烹成而得名。制茶时，将生茶叶、生姜、生米按需要的口味确定比例，一起倾入擂钵中研成糊状，然后入锅加水煮沸即成。擂茶有清热解毒、通经理肺的功效，土家人天天饮，用它待客。也有人在茶中入盐、糖调味，或加入花生、芝麻、爆米花同研，使茶味更加清甜可口。

在广西、贵州、湖南生活的苗族和侗族，喜爱打油茶，人人都爱饮油茶。打油茶采用的茶叶可以是烘炒好的末茶，也可以是鲜芽。所用的佐料有米花，还有鱼、肉、芝麻、花生、葱、姜和茶油。制作时，先热锅入油，放入茶叶翻炒，加入佐料，然后注水煮沸，起锅时入葱、姜，油茶就算打好了。油茶鲜香爽口，在用它招待客人时，还要在油茶中加入菜肴和食物，做成鱼子油茶、糯米油茶、米花油茶、艾叶粑油茶等。也有的先在碗中放入炸鸡块、炒猪肝、爆虾子等，再注入油茶。这是招待贵客的油茶，主人双手捧起茶碗端到客人面前，客人起身双手接茶。饮茶时因为还要吃茶中的食物，所以还需要使用筷子。等客人吃完，主人接着又在碗中添入食物，注茶，请客人接着吃。待客时所吃的油茶，一般不少于三碗，三碗下去，又饮又吃，已经很饱了。

云南大理的傣族和拉祜族，习惯饮用一种竹筒香茶。竹筒茶有两种，一种是直接将茶叶置入甜竹筒中，再一种是将茶包好置入糯米中蒸透后放入竹筒，使茶不仅有茶香，还有米香和竹香。所选竹筒为生长一年的新竹，长25厘米左右，放入茶叶筑紧，用竹叶封口。将竹筒放文火上慢慢烘烤，待筒内茶叶烤干，剖开竹筒，取出茶叶，即可冲泡。冲泡时还可使用竹筒为茶杯，又多了一份竹香气。

生活在云南大理的白族，款待客人要用"三道茶"，即一苦二甜三回味的特色茶。主人先将吊罐放文火上烤热，再放入茶叶继续烧烤，待闻到茶叶发出焦香味，即注入沸水。不一会儿，茶即烹好，主人便将茶汁斟入小杯中，双手捧杯献给客人，这便是味苦的头道茶。客人双手接杯，一饮而尽，香味、苦味都已尝到。接着主人又重新烤茶、注汤，换个大一点的茶杯，杯中有红糖和核桃仁，斟满茶后再献客人。这是香中带甜的二道茶，寓意苦尽甘来。最后是第三道茶，主人在杯中放入蜂蜜和花椒后冲注半杯茶水，再献客人。客人接杯后，要轻轻晃动，使杯中茶与佐料和匀，趁热饮下，这就是甜苦麻辣的回味茶。白族的三道茶，在传统上是长辈对晚辈经商、求学、学艺及新女婿上门时举行的一种仪礼，是寓意先苦后甜的寓教于茶的一种茶俗。白族人现在普遍用三道茶招待客人，茶中佐料稍有改变，但一苦二甜三回味的特色仍在。

在具有游牧传统的藏族、维吾尔族、蒙古族中间，

藏族酥油茶

人们都爱将动物奶汁加入茶中，制成奶茶饮用。藏族人最喜爱的是酥油茶，是他们待客的佳品。制酥油茶是先煮茶汤，滤出茶叶后将茶汁灌入筒形的打茶筒，加入酥油与盐、糖。然后不断用杵棒舂打，使茶、酥油、糖、盐合为一体，香美的酥油茶就打好了。现代藏族人也喝甜奶茶和清茶，但饮得最多的还是酥油茶，它是咸里透香、涩中带甘的高营养用品，也是雪域高原暖身御寒的保健饮品。

维吾尔族中以畜牧为业的北疆人爱饮奶茶，以农业为生的南疆人爱饮加佐料的香茶。奶茶是用金属

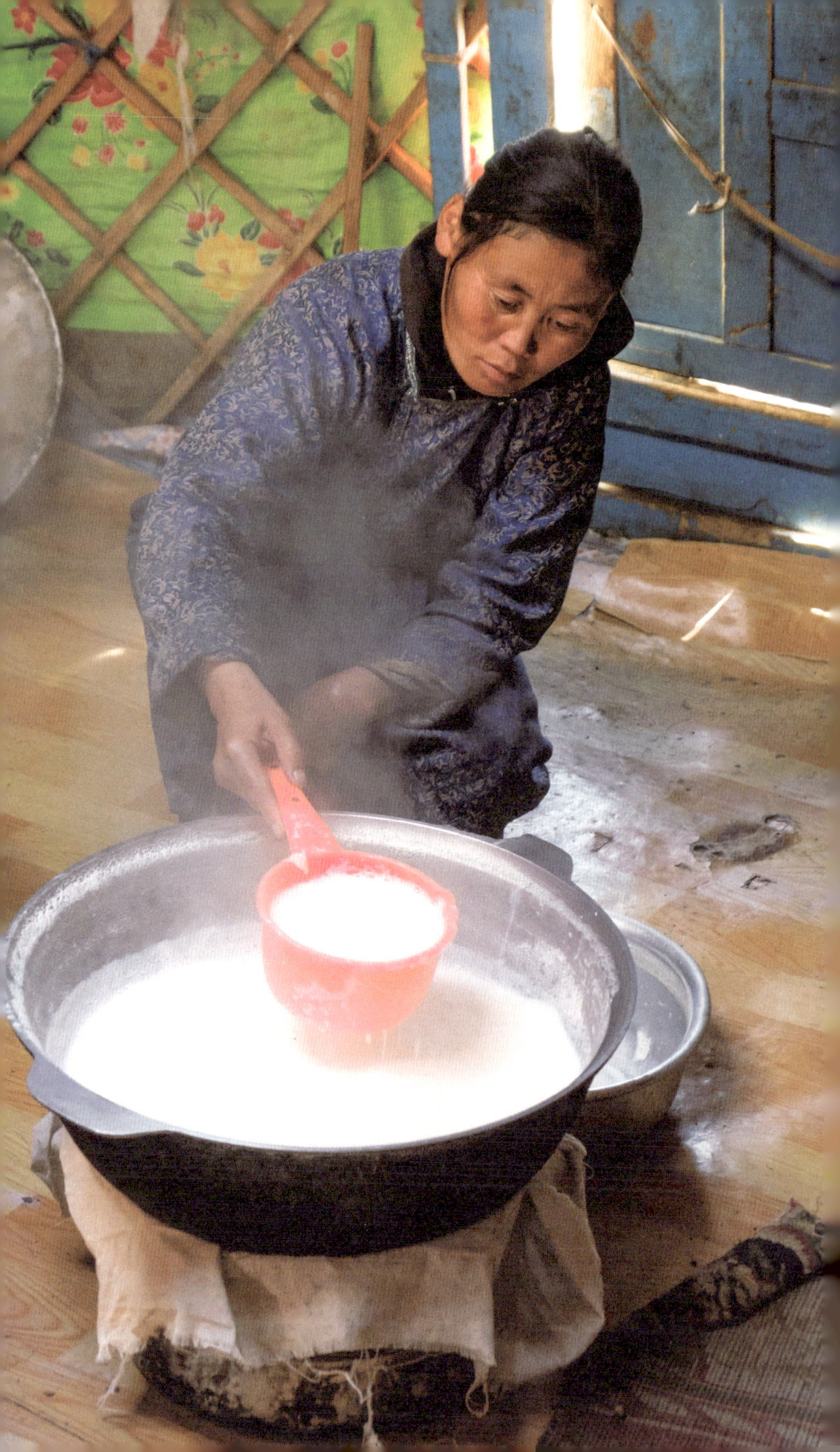

壶将茶与奶同煮而成，加食盐调味。茶壶平时就放在炉火上，人们随时都可饮到又香又热的奶茶。南疆的香茶也用壶煮成，但不加牛奶，而是加入碾成粉末的胡椒、桂皮，这也是一种保健饮品，有开胃益气提神之功。

蒙古族爱饮一种咸奶茶，与维吾尔族相似，但煮茶不用壶，用的是铁锅。水煮沸后下茶，然后放奶汁，加入食盐，这便是咸奶茶。煮茶的是女主人，烹煮须具备有一些关于火候的技巧。女孩子从小就要学习煮奶茶，出嫁时要为宾客表演煮茶的功夫，表明自己是一个非常能干的人。

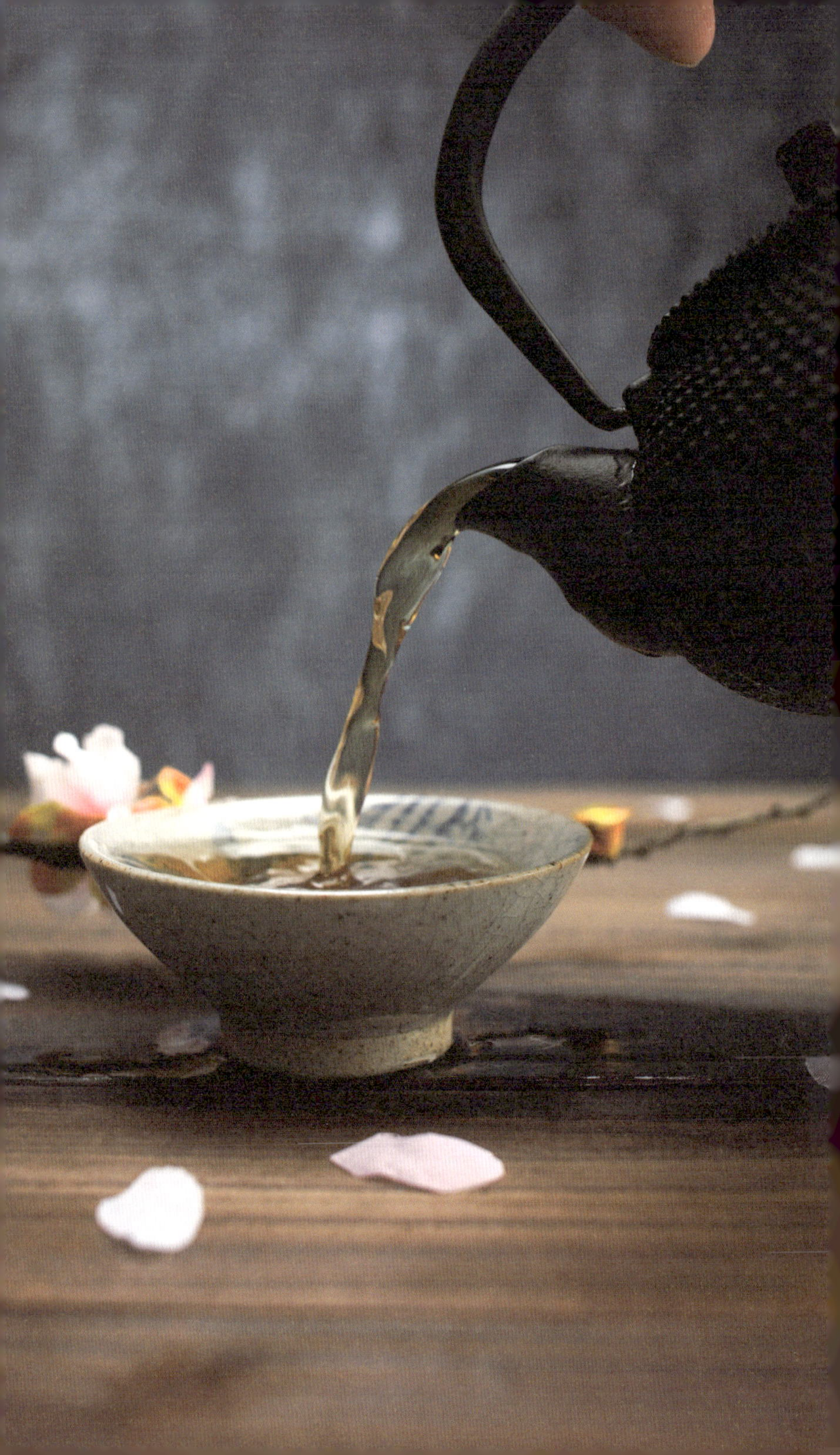

伍 清心健体之饮

古今人不仅以茶代酒，还以茶疗疾健体，以茶入馔为食，让茶充分发挥对人体的保健作用。茶最早是作为一种药物进入到人们生活中的。在茶成为一种主要的饮料之后，它的医用价值依然受到人们的普遍重视。到唐代时，茶的功用已被认知得比较全面了，它的饮用范围也因此越来越广泛。

古代饮料浆、酒、茶，在唐代已将它们的用途明确区分为三个：救渴用浆，解忧用酒，清心提神用茶，这就是陆羽在《茶经》中所说的"救渴饮之以浆，蠲忧忿饮之以酒，荡昏寐饮之以茶"。在顾况的《茶赋》中，对茶的功用也说得极为明白，他说："滋饭蔬之精素，攻肉食之膻腻，发当暑之清吟，涤通宵之昏寐"。茶可以帮助消化，可涤荡腥膻，可袪暑助思，可清心提神。

历代的药物学家们，对茶的疗效进行过认真研究，称茶为万病之药，是保健良方。茶不仅可入药，还可入食，有涤烦清心、精神畅爽的作用。

古代的儒、道、佛与茶都有密切的关系。中国的这三大思想流派，都利用茶致清导和的内质，以茶传播学术，以茶传布道法，客观上在饮茶的普及上发挥了重要作用。儒、道、佛对茶的体验也有明显区别，有入世、避世、悟世的不同，可见茶在这几种不同的思想流派中都起到了重要作用，这是一个很值得探究的现象。

1 万病之药

古代本草医籍都以茶当药，阐明茶性、茶功，开列茶剂、茶方。一些文人食客也是以茶为药，强壮自己的体魄。

《神农本草》说："茶，味苦，饮之使人益思、少卧、轻身、明目。"这是对茶效的最早记述。《神农食经》也说："茶茗久服，令人有力悦志。"唐代陈藏器的《本草拾遗》则直言"茶为万病之药"，对茶的药用价值非常推崇。

宋人林洪的《山家清供》亦称"茶，即药也"，表明文人们也很注重茶的疗效。吴淑在他的《茶赋》中说，"涤烦疗渴，换骨轻身，茶荈之利，其功若神"，这是文学家的歌咏。明代人顾元庆在《茶谱》中说，"人饮真茶，能止渴消食，除痰、少睡，利水道，明目益思，除烦去腻，人固不可一日无茶"。

当然，最全面评述茶效的还是明代李时珍的《本草纲目》。他说："茶苦而寒，阴中之阴，沉也，降也，最能降火。火为百病，火降则上清矣……温饮则火因寒而下降，热饮则茶借火气而升散。又兼解酒食之毒，使人神思闿爽，不昏不睡，此茶之功也。"《本草纲目》列有许多茶方剂，可疗疾，如痰热、中风、泻痢、气虚头痛、产后秘塞、腰痛、食毒、霍乱、咳嗽等。

有的学者根据历代医籍茶书的记述，将古人总结的茶的功效归纳为 25 种：少睡、安神、明目、清头目、止渴生津、清热、消暑、解毒、消食、醒酒、去肥腻、下气、利水、通便、治痢、去痰、祛风解表、坚齿、治心痛、疗疮、治瘘、疗饥、益气力、益寿及妇科诸症。为治疗这些疾患，医家们制成了许多茶的方剂，有单剂，也有复方。

在这一节里主要谈谈茶对疾病的疗效，下一节再谈茶对人体的其他保健作用。饮茶及茶方制剂，对下列病症有明显的治疗作用。

眼疾 眼里的疾患，多由热火所致，所以要饮用有降火作用的茶水。医家们或病人以茶引药，或直接将茶叶入药。如《医宗金鉴》还睛丸，治绿风内障，用茶清送下；护睛丸，治胎患内障，空心茶清送下。又如《眼科要览》治烂眼皮，用甘石、黄连、雨前茶共研极细，点眼。

头痛 五代毛文锡的《茶谱》称茶有治头痛的功效，头痛亦多由热毒所致。本草类医籍录有一些以茶止头痛的方剂，如《日用本草》用茶与芎䓖、葱白煎饮，可止头痛。又如《医方大成》治气虚头痛，用上春茶末调成膏，置瓦盏内覆转，以巴豆四十粒作二次烧烟熏之，晒干乳细，每服一匙；别入好茶末，食后煎服，立效。

热毒　《本草求真》说茶有清热解毒的功效,《本草拾遗》说茶能去瘴气,《岭南杂记》说茶利咽喉之疾。方剂有《简便方》的解毒方：用芽茶白矾等研末,冷水调服。又有《万氏家抄方》的茶柏散方：治诸般喉症,细茶三钱、黄柏三钱,薄荷叶三钱,硼砂二钱,研极细和匀,加冰片三分吹入喉中。

便秘　《本草纲目拾遗》说茶有"刮肠通泄"之效,《本草拾遗》则说茶"利大小肠"。茶治产后便秘效果更佳,如《郭稽中妇人方》产后秘塞,以葱调蜡茶末做成丸,用茶水服下,便自通。

下痢　用茶止泻痢,单方、复方效果均佳,复方多与姜配伍。如《日用本草》说茶同姜可治痢,治热毒赤白痢；又如《上医本草》治赤白冷热痢,生姜细切,与真茶等分,新水浓煎,服之甚效。其他复方还有入醋加梅的,如《圣济总录》治血痢,盐水梅一枚,合蜡茶加醋汤沃服之；《本草别说》则说：茶合醋治泻痢甚效。

痰热　许多医方类著作都说茶有去痰、化痰、消痰的功效。《本草求真》即说茶能"入肺清痰"。《瑞竹堂经验方》所载一方说：痰咳喉声如锯,用好茶末一两、白僵蚕一两为末,用沸汤冲注,临睡温服。

腰痛　《茶经》提到茶可解"四肢烦、百节不舒"。《食疗本草》说茶治腰痛难转。方剂有《本草品汇精要》的腊茶方,用水煎茶,与醋合饮,疗腰痛。

心痛 与治腰痛类似，茶与醋同服。如《兵部手集方》说，"久年心痛，十年五年者，煎湖茶以头醋和匀服之"。在江南许多地方，用老茶树根煎饮治心脏病，效果比较明显。

疮瘘 茶饮清热，可疗疮瘘。《枕中方》即说"茶疗积年瘘"。方剂有《摄生众妙方》的茶膏，说治脚缝烂疮，用细茶研末调烂敷之。又《胜金方》也有茶膏，说尿疮疼痛者，用蜡茶与生油调敷，可止疼痛。

在民间还有许多简便的方剂，可用于治疗不少常见病症。如红茶加糖，治儿童急性传染性肝炎；大蒜捣泥与绿茶泡饮，治慢性痢疾；绿茶与葱白、白芷煎饮，治头痛脑热；绿茶与醋同饮，治暑热腹泻、解酒；茶中加盐饮用，可明目化滞；茶中入姜、糖，治感冒咳嗽；用猪油熬成茶膏，治哮喘和老年性支气管炎。

2 保健良方

身体并无大恙,平日的保健,茶也能派上大用场。

茶性寒、可止渴生津,所以能消暑祛暑。《本草图解》称茶可消暑,《本草别说》也说茶可治伤暑。许多本草类医籍还提到茶可消食,如《食疗本草》说茶可以消宿食、《山家清供》说茶可去滞而化食。茶还可以去肥腻,《老老恒言》说饭后饮之可解肥浓。茶又可减肥,如《本草拾遗》说茶久食令人瘦。茶又能利尿,《千金翼方》说它利小便,《圣济总录》记用茶制成海金砂散治小便不通。茶又有坚齿的作用,《敬斋古今注》说用茶漱口可使牙齿固利;《东坡杂记》说以浓茶漱口可治虫牙。

古人对茶叶保健与治疗作用的认识,多属经验之谈,很有道理,符合现代医学对茶叶性能的认识。饮茶,是相当有效的保健方式,茶是古人为我们寻找到的不是药的药用良方。

由于现代科学技术的发展,茶叶生物化学研究的不断深入,人们对茶叶的药用性能有了进一步的了解,得知发挥功效的主要成分是咖啡碱,多酚类化合物、维生素、矿质元素、氨基酸等。

咖啡碱是茶叶中富含的一种生物碱,它对人体中枢神经来说是一种兴奋剂，所以有提神作用。

可溶性多酚类化合物，主要由儿茶素类、黄酮类化合物、花青素和酚酸组成。其中儿茶素类为茶叶药效的主要活性成分，具有防止血管硬化、降血脂、消炎灭菌、防辐射和抗癌等多种功效。

茶叶中含有丰富的维生素，主要有维生素 B、维生素 C、维生素 E、维生素 K。维生素 B_1 含量高于一般蔬菜，能维持神经、心脏和消化系统的正常功能。维生素 B_2（核黄素）可以增进皮肤的弹性和维持视网膜的正常功能。维生素 B_{11}（叶酸）参与人体核苷酸生物合成和脂肪代谢功能。维生素 C 可防治维生素 C 缺乏病，促进创口愈合。维生素 E 是一种抗氧化剂，可阻止人体脂质的过度氧化，有抗衰老的作用。维生素 K 可促进肝脏合成凝血素。

茶叶中所含有的矿质元素也相当丰富，有磷、钾、钙、镁、锰、铝、硫等，它们多有益于人体健康。茶叶中氟元素含量很高，对预防龋齿和老年骨质疏松症有明显作用。部分地区的茶叶中硒含量比较高，它对人体有抗癌的功效。

茶叶中至少含有 25 种氨基酸，它们是人体必需的营养成分。

此外，茶叶还有一些成分具有防辐射、降血糖、降血压的功用。

正因为茶的疗效比较显著，古今之人就用茶制成了许多方剂，这些都可以称为药茶，不是药中入茶，便是茶中入药。三国时的《广雅》一书，记有一则醒酒方，便是用葱姜煎的茶汤。唐代孙思邈的《千金要方》，记有一则多饮茶水治剧烈头痛的单方。到了宋代以后，茶方受到普遍重视，许多医学著作都列有药茶专篇。如宋代《太平圣惠方》中的"药茶诸方"，有"治伤寒头痛壮热葱豉茶方""治伤寒鼻塞头痛烦躁薄荷茶方""治宿滞冷气及止泻痢硫黄茶方"等。古代众多的茶方中最知名的是"川芎茶调散"，近代则有"午时茶"。

见于宋代《和剂局方》的川芎茶调散，成分包括川芎、荆芥、白芷、羌活、甘草、细辛、防风、薄荷，研为细末，食后清茶调服。本方有疏风止痛之用，主治外感风邪头痛。用茶服药，是为了上可清头目，外可祛风解表，还能制约方中风药的温燥与升散。后来医家又制成茶调散、菊花茶调散、苍耳子散、川芎茶等，均属川芎茶调散系统，功效相近。

近代应用广泛的茶药方剂是午时茶。午时茶由于各地配方不同，剂型也不同，甚至名称也不同。相同的是配方均以茶为主，都以芳香性温的健脾、化湿、辟浊、理气、疏散、解表类药物相配，炒制也都是在午时，功效相近。如《中国医学大辞典》的午时茶方，成分有茅术、陈皮、柴胡、连翘、白芷、枳实、山楂肉、前胡、防风、藿香、甘草、神曲、川芎、厚朴、桔梗、麦芽、苏叶、红茶、生姜、面粉，研末与面粉和成块。本方有发散风寒、和胃消食的功能，适应症为风寒感冒、寒湿内滞、食积不消、身困乏力、头痛体痛等。

　　到了现代，人们参照古人积累的经验，制成许多新的药茶方剂，为茶叶药用进行了更新层次的开发。有的制成含有多种中药的减肥茶，治疗高脂血症；有的用老树茶制成宋茶，治疗糖尿病；有的制成茶叶止痛片，治疗痢疾和肠炎；有的制成茶丸，治疗肝炎；有的从茶叶中提炼出茶色素，用于防治高血压和冠心病等。

　　茶确实是一种健康饮品，无病可饮清茶保健，有病可用药茶治疗。壮体强身，茶是保健良方之一。

3

涤烦清心

饮茶对人的身体可以起到保健和治疗作用，对人的精神健康也有很重要的促进作用，茶能涤烦清心，使人心静神和。明人屠隆《考槃余事》说天池茶"青翠芳馨，瞰之赏心，嗅亦消渴"；又说饮佳茶能使人"神融心醉"，说的都是这样一种精神体验。

茶有清心提神的功效，使人"少睡""不寐"，见于《神农食经》《调燮类编》等书的记述。古代茶人文人们用茶醒酒破睡，以求思路清晰。《茶寮记》说茶可"除烦雪滞，涤醒破睡"；唐人郑邀的《茶诗》说"最是堪珍重，能令睡思清"；刘禹锡的《武中丞谢新茶表》说"捧而观妙，饮以涤烦……既荣凡口，倍切丹心"；宋人黄庭坚的《煎茶赋》说"宾主欲眠而同味，水茗相投而不浑，苦口利病，解胶涤昏"，这些都是作者们自己的体验。

能提神的茶，也可以安神。宋徽宗《大观茶论》说茶能"祛襟涤滞，致清导和"；明人许次纾《茶疏》说常饮茶"心肺清凉，烦郁顿释"；《本草纲目》说茶"使人神思闿爽"，这是茶人医家们的看法。文人们也有深切体验，如唐刘禹锡《西山兰若试茶歌》说"悠扬喷鼻宿醒散，清峭彻骨烦襟开"；元耶律楚材《西域从王君玉乞茶》"啜罢江南一碗茶，枯肠历历走雷车……精神爽逸无余事，卧看残阳补断霞"即是。

茶的提神安神效应，主要是茶叶中的咖啡碱和黄烷醇类化合物的作用，这种化合物可以促进肾上腺体的活动，诱导儿茶酚胺的生物合成。而儿茶酚胺作用于心血管系统，有明显促进兴奋的功能。现代科学的解释，印证了古人的认识与体验。

饮茶虽有诸多好处，但也要得当，弄不好于身于心不仅无益，反会受害。古时有人认为，要避免饮茶造成不良的后果，必须在饮茶的时间和饮用的量上有一定的限制。明代闻龙在《茶笺》中援引苏东坡的话说，嗜茶的蔡襄，在年老多病以后就不能饮茶了，因为饮之无益，只是每日烹茶捧玩而已。闻龙还提到他的一位茶友周文甫，自小到老，茶碗总没离过身，不过他饮茶的时间是确定的，一天之中何时饮何时不饮，很有章法。周文甫一天饮6次，即早晨、午餐、午后餐、晚餐、日落时、黄昏，别的时间一概不饮。结果周文甫活到85岁，无疾而终。就是这样一个非常爱茶的茶人，饮茶也有限度，不敢过量。

李时珍著《本草纲目》时，对茶的利弊都作过阐述，他特别强调饮茶不当也会对人体健康造成损害。他在谈到茶的功效之后接着写道："若虚寒及血弱之人，饮之既久，则脾胃恶寒，元气暗损；土不制水，精血潜虚，成痰饮、成痞胀、成痿痹、成黄瘦、成呕逆、成洞泻、成腹痛、成疝瘕，种种内伤，此茶之害也……人有嗜茶成癖者，时时咀啜不止，久而伤营伤精，血不华颜色，黄瘁痿弱，抱病不悔，尤可叹惋。"身体太虚，不可过量饮茶，否则伤害更甚。李时珍对那些过分夸大茶效的说法极为不满，他说"服茶轻身换骨""苦茶久食羽化"传闻是毫无根据的，那是方士"谬言误世"的伎俩。李时珍还谈到自己的亲身体会，说："时珍早年气盛，每饮新茗，必至数碗，轻汗发而肌骨清，颇觉痛快。中年胃气稍损，饮之即觉为害，不痞闷呕恶，即腹冷洞泄"。他教人要根据自己的身体情况行事，不要以为什么人饮茶都能达到健体清心的目的。

现代茶学家和中医学家根据古今经验与研究结果，对健康饮茶方法提出了一些建议。对身体健康的年轻人而言，饮茶有益无害；而对脾胃恶寒气虚老弱的人而言，不可饮茶太多。健康人饮什么茶都可以，但不要暴饮。妇女儿童适宜饮花茶和绿茶，老人适宜饮红茶。高血压和肥胖患者可饮乌龙茶和普洱茶，以降低胆固醇和血脂；糖尿病患者可饮乌龙茶和紧压茶；儿童饮粗老茶可防治龋齿和贫血；外科手术后饮绿茶，有利于消炎和身体康复。心动过速的人，不要饮浓茶；神经衰弱的人，夜间不宜多饮茶，否则容易失眠。他们还建议，饮茶最好还要考虑季节性，在不同季节选择不同茶品，一般认为夏季饮绿茶、冬季饮红茶比较适宜。

4 儒、道、佛与饮茶

中国古代儒、道、佛都注意到茶的致清导和的特点,赋予了茶不同的内涵,其思想也通过茶得以传播,这为茶的普及作出了贡献。

一些研究茶学的学者注意到,表面上儒、道、佛都有自己的茶道流派,如佛教强调在青灯孤影中明心见性,而道家寻找的是于空灵虚静中避世超尘,儒家则提倡以茶修身励志积极入世。但在实质上,几家茶道都蕴藏了和与静的精神,体现了儒家主体的中庸思想。

儒家将传统思想引入茶道,提倡自省、友善,建立和谐的生活秩序。宫廷中的茶宴,便是用来融洽君臣关系的;民间的茶会,又是用来融洽人际关系的。

茶人历来以为,茶对"精行俭德之人"最适宜,将茶看作是养廉、励志和雅志的一种手段,特别提倡"以茶交友""以茶礼仁",明确用茶来传播儒家思想。历代茶礼中的主要内涵,都是儒家礼制思想的反映。茶礼讲秩序、仁爱、互敬、友情,与儒家的传统精神完全契合。

诗人们的茶诗,也有相当多的篇幅表达了友情、亲情。如唐代李群玉《答友寄新茗》中的"愧君千里分滋味，寄与春风酒渴人"；白居易《山泉煎茶有怀》中的"无由持一碗，寄与爱茶人"；宋代王禹偁《龙凤茶》中的"爱惜不尝惟恐尽，除将供养白头亲"等。也有些茶诗是用于抒发作者修身、齐家、治国、平天下的情怀的，如宋代欧阳修《双井茶》中的"岂知君子有常德，至宝不随时变易。君不见建溪龙凤团，不改旧时香味色"；蔡襄《试茶》中的"愿尔池中波，去作人间雨"；苏轼《寄周安孺茶》中的"有如刚耿性，不受纤芥触。又若廉夫心，难将微秽渎"；沈与求《戏酬尝草茶》中的"待摘家山供茗饮，与君盟约去骄奢"；元代洪希文《煮土茶歌》中的"临风一啜心自省，此意莫与他人传"等。

儒家面对现实，在茶中也念及家事、国事、天下事。而道家的"无为"避世观，也由茶中体现出来。

人们在分析儒、道、佛三家在茶文化中的功能时说，儒家完善了茶礼，道家丰富了茶艺，佛教创立了茶道。这种说法不一定很确切，但这三家对茶学的贡献确实是有所侧重的。道家在以茶自娱的同时，还赋予了茶神秘的色彩，用过分夸张茶效的方式推广茶艺。

道家追求清静无为，重视养生，他们将具有清静内质的茶饮作为修炼的一种方式，是十分自得的结合。道家有一位具有代表性的茶人，就是南朝时的陶弘景，是个隐居的山中宰相，也是个著名的医学家。陶弘景著有不少医药学著作，包括有从药理认识茶效的内容。

明代茶人朱权，晚年崇尚释老，他视茶为养生的媒介，认为饮茶的目的是"探虚玄而参造化，清心神而出尘表"。道士们常以茶与文人们交往，用道法感化旁人，在一些古代的诗中，我们看到了这样的事实。

唐人温庭筠有一首《西陵道士茶歌》，诗云："仙翁白扇霜鸟翎，拂坛夜读黄庭经；疏香皓齿有余味，更觉鹤心通杳冥"。这是代道人言，言茶与道契合。又有欧阳修的《送龙茶与许道人》，也是代道人言的，诗云：

颍阳道士青霞客，来似浮云去无迹。
夜朝北斗太虚坛，不道姓名人不识。
我有龙团古苍璧，九龙泉深一百尺。
凭君汲井试烹之，不是人间香味色。

云游道人得了好茶，他们尝到的香、味、色与常人都是不一样的。人们得了道人的茶，也以为多了一个与道家沟通的媒介，由茶去揣度道家的空灵世界。明代施渐得了道士所卖的茶，赠予道士一诗，描述了这位贫而乐茶的山人，诗题为《赠欧道士卖茶》，诗曰："静守黄庭不炼丹，因贫却得一身闲。自看火候蒸茶熟，野鹿衔筐送下山"。不炼丹了却忙于制茶，这是一个爱茶的道人。有些道人的爱茶，与僧人是不分高下的，虽然他们的追求有明显不同。

茶道与儒、道、佛三家的关系都很密切，其中又与佛教的关系最为密切。佛教的禅宗，以茶布教，为饮茶的传播与普及发挥了重要作用。禅宗的坐禅要求静坐、敛心，追求身心轻安、观照明净的境界，坐姿端正，"不动不摇、不委不倚"，通常一坐三月之久。

要达到这样的要求，具有提神益思、少睡静心、生津止渴功效的茶就成了一种非常理想的饮品。佛与茶就这样结下了不解之缘。

佛教自汉代传入中国以后，逐渐与中国文化发生密切联系，佛教徒慢慢从儒士和道家那里学来了饮茶。《晋书·艺术传》记敦煌人单道开在佛寺修行，昼夜不眠，也不怕寒暑，他用茶作为提神的饮料。南北朝时，许多佛寺都有茶饮，《洛阳伽蓝记》便有这方面的记述。当然，这时候佛理与茶理还没有真正结合起来，茶还仅仅只是作为一种饮品为佛教徒所享用。

茶学家们认为，佛理与茶理的结合，是佛教禅宗的贡献。"禅"为梵语，意为坐禅、静虑。禅宗主张以坐禅的方式修行，要求修行者心中清静，没有烦恼，此心即佛。这有点像道家的打坐养生，也类似于儒家的自省。中国自南北朝时传入禅宗，传至第六世慧能，慧能变禅宗教义，使之更适合中国实情，与传统文化结合起来。他主张顿悟，不一定要求有太长的修行时间；又认为修行不一定非要出家，在家里一样可以念佛。这样一来，平常人也可以在家里修行，所以禅宗发展很快，人们可以自在地做一个佛教信徒了。

禅宗的发展，很自然地与茶文化结合起来。唐代封演的《封氏闻见记》说："南人好饮茶，北人初不多饮。开元中，泰山灵岩寺有降魔师大兴禅教。学禅，务于不寐，又不夕食，皆许饮茶，人自怀挟，到处煮饮。从此转相仿效，遂成风俗。"这是说在唐代时，本来作为俗饮的茶被引入禅宗后，由于禅宗的发展反过来又推动了饮茶之风的流行。对很多人来说，尤其是本来不饮茶的北方人，在接受禅宗的同时也接受了茶。

佛僧不仅饮茶，自己还植茶、制茶，为茶叶生产的发展做出了贡献。南方的寺庙多建在自然环境优越的深山密林，那里往往也是茶树生长的好地方，所以就有了"名山有名寺，名寺出名茶"的说法。《庐山志》说，早在晋代，庐山寺庙僧人就已开始植茶了。庐山东林寺名僧慧远，就以自种茶招待过陶渊明。普陀山寺僧人在唐代就制成了著名的普陀佛茶，一直到明代仍有生产。

宋代贡茶著名产地建安北苑，南唐时就已是佛教圣地，三里一寺，五里一刹，建茶的出色，与寺僧们的辛勤培育是分不开的。寺院所产茶品，称为寺院茶，历史上出现的许多著名茶品，如庐山云雾茶、武夷岩茶、碧螺春等，都出自寺院。又如浙江云和惠明寺、杭州法镜寺、余杭径山寺、天台万年寺、云南大理感通寺、安徽黄山云谷寺、扬州智禅寺等寺院，都先后生产过优良茶品，有的茶品在20世纪初还在国际博览会上获得过金奖。

寺僧饮茶，有专设的茶堂。他们在茶堂中以茶论经，以茶接待香客。规模大些的寺庙法堂，西北角都设有茶鼓，每至饮茶时以鼓声召集僧众。禅僧坐禅，则以焚香为标记，每焚完一枝香，就要饮一会儿茶，用以静思提神。有的寺僧一天因此要饮四五十碗茶，饮茶成了寺院中一项非常重要的活动。很多寺院都有"茶头"，专司烧水煮茶。有的寺院还有"施茶僧"，负责为香客惠施茶水。

寺庙中所用的茶还有一些名目。供奉佛祖菩萨的茶，叫"奠茶"；一般僧众饮的茶，叫"普茶"。据《云仙杂记》说，觉林寺僧志崇饮茶很有法度，他将茶叶按品第分为三等，待客以"惊雷荚"，自奉用"萱草带"，供佛用"紫茸香"。他是以上等茶供佛，以下等茶自饮，有客人赴他的约会，都要用油囊盛剩茶回去饮，舍不得废弃，可见待客的茶也是极珍贵的。

当然历史上也有些佛教徒爱茶甚于参禅，如明代乐纯在《雪庵清史》中为居士所开的每日必修课中，便将焚香、煮茗放在前面，而习静、寻僧、奉佛、参禅、说法、作佛事、翻经、忏悔、放生等都置于饮茶之后。

这样，品茶成了参禅的先导，参禅似乎成了品茶的一个目的，这是可以合二为一的两件事情。

禅茶

历史上有不少名僧,他们同时也是煮茶品茗的行家。唐僧皎然极爱饮茶,他与陆羽交往甚厚,在一起探讨茶艺。他留下不少茶诗,抒发了自己由茶中体味到的情趣,我们前引他诗中"一饮涤昏寐,情思爽朗满天地;再饮清我神,忽如飞雨洒轻尘;三饮便得道,何须苦心破烦恼"的诗句,就是这位茶僧的深切体验。

皎然还有一首《饮茶歌送郑容》说"常说此茶祛我疾,使人胸中荡忧栗",也是抒发这种体验的。又有赵州观音院的禅师从谂,一张嘴便是"吃茶去",后世视这三字为法语。五代时的吴僧文了也善于茶事,他因此而被称为"汤神",并有"华定水大师上人"的称号。宋代的南屏谦师也深谙茶艺,自言茶艺"得之于心,应之于手,非可以言传学到者"。苏轼有一首《送南屏谦师》,便是夸赞这位名僧的茶艺的,诗云:"道人晓出南屏山,来试点茶三昧手。忽惊午盏兔毛斑,打作春瓮鹅儿酒。天台乳花世不见,玉川风腋今安有。先生有意续《茶经》,会使老谦名不朽"。

苏轼这里说的"点茶三昧手",也就是高超的茶艺,后人多有诗句言及。如明代韩奕的《白云泉煮茶》即云:"山中知味有高禅,采得新芽社雨前。欲试点茶三昧手,上山亲汲云间泉。物品由来贵同性,骨清肉腻味方永。客来如解吃茶去,何但令人尘梦醒。"

5 茶食

作为饮品的茶，在历史上也曾作为食物出现在人们的餐桌上。茶叶烹煮后可直接食用，也可以以叶或以汁作为炮制食物的原料。作为健康饮品的茶，又是一种很受欢迎的健康食品。

陆羽著《茶经》时，注意到自古就有以茶为食的习俗。他引述傅咸的《司隶教》，提到"蜀妪作茶粥卖"，用茶煮茶粥，这里指的是西晋时候的事。陆羽又引《华佗食论》说"苦荼久食益意思"；又引《壶居士食忌》说"苦荼久食羽化；与韭同食，令人身重"。这里讲的也是以茶为食的事，时间又可上溯到汉代。

陆羽还注意到《晏子春秋·内篇·杂下第六》中有这样一段文字："晏子相景公，食脱粟之食，炙三弋、五卵、苔菜耳矣。"这里提及的苔菜，陆羽在《茶经》中引作"茗菜"，视之为春秋时代食茶的证据。虽然今人有认为茗菜、苔菜所指均为茶的，贵州有茶树即名苔茶，但晏子当年是否真的拿茶做过菜吃，恐怕一时还不能定论。

陆羽主张茶应清饮，他认为在茶中放些葱、姜、枣之类的佐料，那是不堪饮用的。不过唐代可能仍有不少这样的饮法，而且仍然还有用茶煮粥吃的，如储

茶叶粥

光羲即有一首《吃茗粥作》，诗中有言"淹留膳茗粥，共我饭蕨薇"。

宋代更重清饮，林洪的《山家清供》也反对在茶中入盐与茶果。不过到了元代，情况又有了很大的改变，出现了一些以茶叶或茶汁为原料的混合食品。忽思慧作《饮膳正要》，叙述了皇室所用的一些茶叶食品，重要的有枸杞茶、玉磨茶、香茶等。枸杞茶用枸杞与茶分研为末，食时以酥油搅匀。玉磨茶是用等量茶叶与炒熟的稻米入玉磨磨成末，食用时亦用酥油和匀，称为兰膏。香茶为白茶、龙脑、五倍子、麝香研细后与香粳米熬成粥，然后做成饼状，为一种具有疗效的药茶。忽思慧还记叙了藏族的酥油茶及其他一些油煎茶，将调饮茶方法介绍到了京城。

到了清代，出现了大量的茶叶菜肴和小吃，有些茶品还非常著名，直到现在仍是传统的名吃。袁枚的《随园食单》中就记有数款茶叶食品，有茶叶蒸鹿尾，还有家常茶叶蛋。袁枚得到过极大的鹿尾，他用茶叶包着蒸熟，觉得味道特佳。清代无名氏的《调鼎集》，除了记述茶叶蛋等一些茶叶食品外，还用专门的篇幅记述了许多既可饮又可食的茶料配制方法。以下便是其中的一些很有特色的茶叶食品与饮品。

三友茶：加核桃仁、洋糖泡茶。

冰杏茶：加杏仁、冰糖冲细茶。

千里茶：洋糖、茯苓、薄荷、甘草共研末，炼蜜为丸，含口不渴。

香茶饼：孩儿茶、芽茶、檀香、白豆蔻、麝香、

茶鸡蛋

砂仁、沉香、片脑、甘草研末，与糯米粉和合做成饼。

炸茶叶：新茶拌米粉与洋糖，入油炸熟。

茶油鸭；肥鸭盐揉晾干，入缸石压，用茶油和花椒腌渍四月，蒸食香美无比。

文蛋：即茶叶蛋。生蛋煮熟后碎壳，用武夷茶加盐煨一日一夜，使蛋白都变为绿色，食之可生津止渴。

龙井虾仁

樟茶鸭

黄山茶干

茶叶肉：茶叶置小布袋中，与肉同煨，蘸酱油食之。

到了现代，茶叶菜肴和茶叶食品仍然受到人们的广泛喜爱。各地方菜系更是创出许多名茶名肴。川菜中的樟茶鸭子，浙菜中的龙井虾仁、龙井鲍鱼，皖菜中的毛峰鲥鱼，苏菜中的香炸云雾，赣菜中的云雾熏石鸡等，都是极受欢迎的佳肴。其他还有嫩茶腰花、新茶煎牛排、红茶焖牛肉、茶叶粉蒸肉、茶叶豆腐干、碧螺鱼片、香茶鸡、清蒸茶鲫鱼等，也都是茶叶菜肴中的佳品。

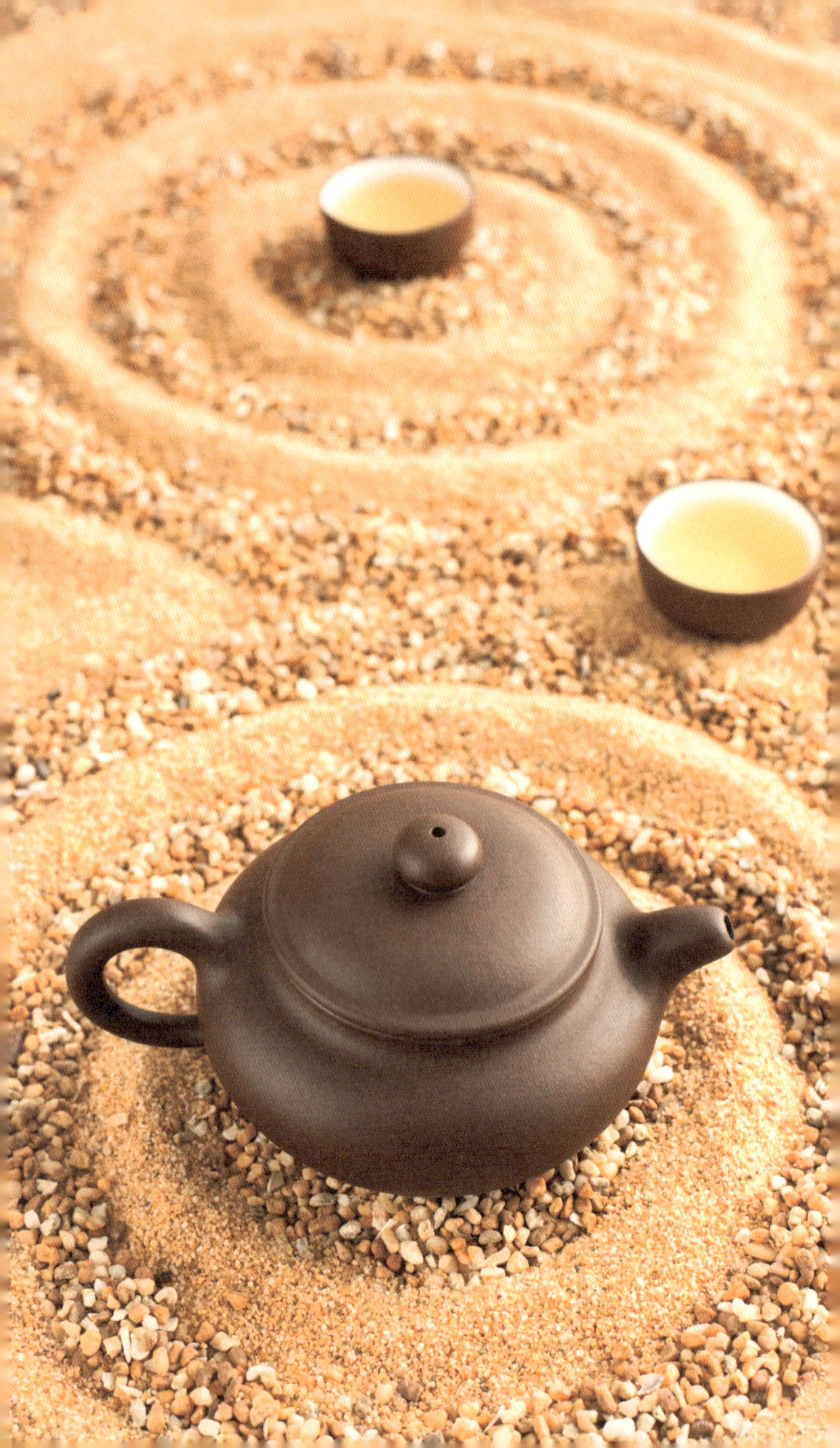

陆 芳泽润五洲

茶香溢满中华，芳泽也滋润了五洲。茶饮在中国还不十分普及时，就已经开始向域外传播。中国茶叶、茶种、茶艺、茶学向世界传播已有一千多年的历史。传播的路线，有陆路，也有海路。传播的方向，东南西北都有，向西传入中亚、西亚直至欧洲，向北传入蒙古、俄国，向南传入南亚地区，向东传入朝鲜、日本和美洲。到了后来，间接传播的地区越来越大，现在的茶饮之风吹遍了整个世界。中华大地孕育成长的茶饮文化，在传入世界各地后，与其固有的传统文化相融合，内涵变得更加丰富。

1 "丝茶之路"

中西文化的交流，最初是通过著名的丝绸之路开始的。这茶文化通道的形成，应当首先归功于古代民间的商贸活动，其次是张骞的出使。张骞通西域，确立了古代中国与西域各国的官方交往关系，也使得丝绸之路上的商贸活动和文化交流规模越来越大。

古代中国沿丝绸之路输出的商品，不仅有丝绸、瓷器，还有大量的茶叶。人们推断，早在西汉时期中国的茶叶已由丝绸之路销往西域，这个说法没有确切的文献记载作依据。比较可靠的说法是，在公元5世纪时，中国商人已将茶叶由丝绸之路运达蒙古边境，同土耳其人以茶易物。到了唐代，与回纥大规模的"茶马互市"活动，将大量中国茶叶输往西亚和阿拉伯国家。

中国茶向欧洲的传播，大约是在元明之际。成吉思汗和忽必烈的远征，也许最早将茶的信息带到了欧洲。还有包括马可·波罗在内的一些欧洲旅行家，也远道跋涉来到中国，他们看到和体验到中国茶文化的博大精深，很快就将中国的饮茶风俗介绍到了西方。有记述说，马可·波罗归国时，从中国带去了瓷器、通心粉和茶叶。16世纪中叶，意大利人赖麦锡在《航海记集成》一书中,对中国饮茶风俗进行了介绍,他说:"在中国,所到之处都在饮茶。空腹时喝上一两杯这样的茶水,能治疗热病、头痛、胃病、关节痛。茶还是治疗痛风的灵药。饭吃得过饱,喝一点这种茶水,马上就会消积化食"。欧洲人一开始就将茶饮作为药饮来认识,这对茶叶向西方的传播起到了积极作用。

到了17世纪初叶,中国茶叶开始批量由海运行销欧洲大陆。荷兰在1606年成立的东印度公司,首批海船即由澳门装运中国绿茶,于1610年返抵欧洲。自此20多年之后,英国印度公司的海船又由广州装运茶叶。接着,瑞典、荷兰、法国、西班牙、葡萄牙、德国、匈牙利等国几乎每年都有商船到中国海岸,运走大批茶叶。

到了19世纪上半叶,中国茶叶成为英国的主要输入商品。西方船队还将大量茶叶运抵美洲新大陆,不久美国船只也由纽约载运人参运至广州换取茶叶,

以后每年都直放专船由广州运茶，获取高额利润。

中国茶叶向俄国的传播，是由北方的一条陆上商道完成的。17世纪初，中国驻俄使节曾以茶叶为礼品赠送沙俄皇帝。到1735年伊丽莎白女王时，已有私人商队来往于华俄之间，主要运送茶叶供贵族享用。当时华俄通商要埠是恰克图，俄方出口皮货，进口中方的茶叶，为纯粹的以物易物交易。马克思1857年3月所写的《俄国的对华贸易》，详细评说了恰克图的茶叶贸易，他说恰克图一年一度的边贸，完全是以货易货，俄方提供棉毛织品，中方提供的主要是茶叶。由于贸易量的增长，恰克图由一个普通的集市变成了一个重要的边境贸易城市。

起初将茶叶运抵恰克图的是山西茶商，19世纪中叶以后，俄国茶商直接进入中国腹地以至南方地区，他们不仅直接收购茶叶，而且还建工厂制茶。

中国茶在亚洲本土的传播，有着更加便利的条件。中国茶叶传入日本，最早可以追溯到隋唐之际，茶叶随着佛教一起进入日本。到唐贞元、永贞年间（785—805），日本天台宗开创人最澄和尚来唐取经，返日时不仅带回了大量佛经，还带了茶种，播种于台麓山，最澄和尚成了日本种茶的开拓者。后来种茶面积稍有扩大，但饮茶只限官僚和僧人，民间尚未普及。到了南宋时期，日僧荣西和尚再度由中国引进茶种，归国后亲手植茶，有《吃茶养生记》。荣西倡导饮茶，被公认是日本茶道的奠基人。

茶叶传入朝鲜半岛，比传入日本要早。7世纪上半叶的新罗时期，朝鲜已有饮茶故事，同日本一样，饮茶习俗起初也是僧人群体流行起来的。公元828年，新罗来唐的使者大廉带回茶种，种植在华岩寺周围，从古至今，朝鲜一直都有茶的种植和生产，也使得茶礼在朝鲜的社会生活中逐渐确立和完善起来。

中国茶向南亚地区的传播，时代要略晚一些。在两宋之际，东南沿海的海岸贸易比较发达，主要贸易对象为南海诸国，输出货物中就有茶叶。元代时，销往南亚的茶叶主要为福建所产。明代郑和下西洋，途经越南、爪哇、印度、斯里兰卡，直至阿拉伯半岛和非洲东海岸，他的船队都载有茶叶。

到了16世纪，南亚开始引种中国茶种，最早的种植地是苏门答腊。在18世纪下半叶印度也开始由广州输入茶种，种植面积越来越大，使印度在今天成为著名的产茶大国之一。

陆上和海上的主要对外贸易通道，都被学者们称之为"丝绸之路"。茶叶贸易也是在这些通道上进行的，而且到后来贸易量还远远超过了丝绸，所以有学者建议将"丝绸之路"改称为"丝茶之路"。

"丝茶之路"的开通，不仅将东方丝绸灿烂的光辉洒向世界各地，同时也让茶香的芬芳飘溢到四海五洲。

2 茶道在日本

佛法与茶艺被同时引入到了日本,"茶禅一味",禅宗和茶叶给日本列岛植入了新的精神,为大和民族文化输入了新的血液。

饮茶在日本列岛并没有很快得到普及,在起初的几个世纪内,主要限于僧人群体,已形成聚饮的规模,称为"唐式茶会"。后来文人与武士的参与,使这类茶会逐渐完善起来。茶会形成以点心开茶、献茶果、点茶、献茶、斗茶等固定程式,茶会之后例行酒会。这些程式大体引进的是唐宋法式,变更不大。到了室町幕府时期,茶会开始有了形式上的改变。饮茶场所由茶亭改为室内的铺室客厅,称之为"座敷"。到

了饮茶向大众普及的东山时期，民间出现了叫作"数寄屋"的茶会，或称为"顺茶"。顺茶仍以禅宗为主旨，明确提出以节制欲望和修身养性为饮茶的一种境界，这应当是日本茶道的萌芽。

到了16世纪，日本列岛进入群雄争霸的战国时期，人民普遍有厌战情绪，都盼望着和平。生当此时的富商千利休酷爱茶道，作为"数寄屋"的传人，他顺应时势，利用饮茶使人们警醒，在"数寄屋"的基础上进行了诸多改进，创立了"陀茶道"，这便是一以贯今的日本茶道。"陀茶道"明确提出以"和、敬、清、寂"为基本精神，要求进入茶室饮茶的人在清寂中进行自我反省，去除内心尘垢，达到和敬的境界。

日本茶道对茶室的要求很严，面积比较小，外观与农舍相似，木柱草顶。小门附近安排有石灯、篱笆、踏脚、洗手处，环境洁净清雅。所用茶具，则取唐宋款式，烹点品饮器具达20种之多。人们在一套繁复细致的冲、点、品饮程式中，设计有共同的对话主题，在讨论中进入到一种肃穆的气氛，人人得到净化，得到充实。品饮已是一种形式，人们更注重的是饮茶过程中所获得的精神享受。

有人说，日本文化生活的各个方面无不受到茶道之美的影响。由此进而认定茶道之美就是日本的美，所以如果不懂得慢条斯理的日本饮茶法，那就等于不了解日本。

日本茶道的跪姿和拘谨态度，让具有现代生活节奏的年轻人觉得不好接受，尤其是对非日本民族的人而言，更是如此。传统上，日本人性喜幽闲、寂静，日本人自己认为他们的精神和文化完全是由茶道孕育出来的，日本人的理想性格，也正与茶道精髓相吻合。

日本茶道讲究循规中则，有"四规""七则"之说。"四规"即指和、敬、清、寂的根本精神，引导人们睦邻益友、敬老慈幼、去邪无私、清心自警。"七则"是具体的饮茶法式，指点茶的浓淡、茶水的质地、烹茶的水温、火候的高低、茶炉的位置、烹茶的用炭和茶室的插花，都有严格的套路。茶道仪式开始之前，主人要跪立在门前迎客，客人躬身进入茶室，主客谦和恭敬。入室后，主客鞠躬致意，客人鉴赏壁面的书画和插花艺术，依次盘腿围坐。主人这时就去生火煮水，准备点茶。茶道多用末茶，冲泡较浓，经二次点水后分装在小茶碗内，依次献与来客品饮。客人要用双手恭敬接过茶碗，先将茶碗和茶水仔细欣赏一番，然后慢慢品饮。品饮完毕，客人鞠躬告辞，主人跪立门侧送别。

3 茶与西方文化

茶叶在开始输入到欧洲时，既有欢迎者，也有抵制者，茶饮的普及经历了一个相当缓慢的过程。带有强烈东方文化色彩的饮茶传统，对西方文化产生了不大不小的冲击。不过，东方人对茶所赋予的精神，在西方那里却不易看到了。

17世纪荷兰医师尼克拉斯·迪鲁库恩是第一个热情推广饮茶的西方人。他在《医学论》一书中，着力描述了茶的药用效果，说世界上什么东西都比不上茶，茶可以疗病，可以使人长寿。可是在德国，有些传教士却激烈反对饮茶，说中国人之所以面黄肌瘦，就是太爱饮茶的缘故。在法国，一开始饮茶也受到抵制，在当时法国医学界还曾引起过激烈的争论。在瑞典，人们起初对茶和咖啡的引入都抱怀疑态度，不敢贸然享用。于是国王古斯塔夫三世用两个死囚做试验，以免除死刑作条件。两个死囚还是一对双胞胎，一人饮茶，一人喝咖啡，结果都很安全，饮茶的那位还居然活到了83岁。这样一来，茶饮渐渐在西方得到了普及。

最早享用到东方茶叶的荷兰人，在18世纪初就已对这种饮料产生了特别的感情。当时的阿姆斯特丹

茶盖里的寄托

上演过一部名为《当了茶的俘虏的夫人们》的喜剧，描绘了荷兰贵妇人耽于茶会的情景。因为这种茶会的流行，深深吸引了一些夫人们，甚至导致许多家庭破裂，这恐怕是贩茶者们始料未及的。荷兰人饮茶具有较浓的东方色彩，待客以茶，品饮也都有比较严谨的程序，也有早茶、午茶、晚茶之分。

英国人饮茶开始于17世纪60年代，这是与凯瑟琳皇后的大力倡导有很大关系。凯瑟琳嫁到英国时，将葡萄牙的中国红茶带到了皇宫，她自己喜好饮茶，还着力宣传茶的功用，说饮茶使她体态健美。当时有一位诗人还为此写了一首颂诗，名为《饮茶皇后》，言及饮茶有清心、去烦、长寿的功用。到了18世纪中叶，由于午餐至晚餐时间间隔太长，于是贵族阶层开始在下午5时增加一次简单的加餐：吃点心和饮茶。很快这种做法就传播开来，这就是至今还颇为流行的午后茶。

英国人的午后茶又称5时茶，在下午5时左右享用。工薪阶层在下午4时一般都停下工作，去喝午后茶。茶由单位派专人分发，这种办法对消除疲劳、提高工效有明显作用。一般的咖啡馆、餐馆、茶室、旅馆、影剧院都供应午后茶。不少集会和社交活动，也都以午后茶的方式举行。英国人崇尚红茶，是茶叶年消费量最多的国家之一。据近来的调查，英国人每天消费的饮料，茶要占到37%，而咖啡只有10%。

俄罗斯人饮茶，在17世纪后期已经比较普及。贵族阶层有相当考究的茶具，有铜质的，也有中国式陶瓷质的。饮茶方法有清饮，也有奶茶，上流社会有不少浮华的饮茶礼仪，兼取欧亚传统。

西方人对茶的接纳,主要不是由文化的角度,而是由科学的角度。他们为了寻求使体魄更强健的妙方,经过谨慎的选择,终于选准了茶。茶最早作为一种药物介绍到欧洲,又以饮料进入到西方人的饮食、文化、社会和政治生活中。不可否认,作为饮料的茶,在东西方文化交流中曾经发挥了相当重要的作用。

当然我们也不会忘记,在茶叶的输出过程中,我们还曾有一段屈辱的历史。19世纪初叶,茶叶已成为英国的主要输入品,这要花费他们大量的白银,于是英国人改用毛织品来作交换物,但这些毛织品却不受穿惯了丝绸棉麻的中国人欢迎。英国人又在印度种植鸦片,然后销往中国,这不仅耗费了中国政府大量的白银,还严重摧残了中国人民的健康。甘霖般的茶叶,换来的却是毒品,于是爆发了鸦片战争,造成了割让(租借)香港的结局。而今天,毒烟早已经禁除,香港已经回归,香茶继续润泽着这个世界。

4 茶在遥远的国度

英国殖民者为了攫取更多的财富，还将茶叶运抵美洲高价强卖，而且课以重税。这样一来，激起了美国人的愤怒，纷纷起来抗茶、毁茶，他们将英国船只上的茶叶扔进大海，这就是1773年发生的波士顿倾茶事件。又过了三年，美国爆发了独立战争，其结果是英国丧失了在美洲的殖民地。从此以后，美国直接派海船来中国运回茶叶，取代了英国人的位置。

美国人的饮茶习惯与欧洲人相似，是欧洲移民最先将饮茶方法带到了遥远的新大陆。美国人爱好冷饮，多数人也爱饮午后茶，只有大约1/3的人饮热茶，冰茶极盛。冰茶的做法是：泡好茶后滤去茶末，将茶水倒入放有冰块、冰屑或刨冰的杯子中，再稍加一点糖、柠檬片或果汁等调味品。或是将浓茶汁放进冰箱，饮用时用凉开水冲兑。有的男人还喜欢在冰茶内加一点美酒，又是另一种风味。现代市面上有了软包装和易拉罐冰茶，饮用起来更加卫生方便了。

美国流行冰茶，与妇女们的提倡很有关系。妇女们认为冰茶较之冰激凌、汽水、可口可乐更解渴，比其他冷饮的制作更方便实惠，也比饮用咖啡、酒更有益于健康，所以她们最喜爱饮用冰茶，成为冰茶的热心推广者。

欧美人最爱饮用的是红茶,而在非洲人看来,绿茶更有味道。不过埃及人除外,他们也爱浓酽的红茶。

埃及人饮茶要加一点糖,制成甜茶。埃及政府支持自己的人民饮茶,为此还实施饮茶补贴政策。在非洲埃及是茶叶的进口大国,进口量居世界第五,人均年消费量达到近1.5公斤。地处非洲西北部的摩洛哥,是世界上进口绿茶最多的国家,人均年消费量达1公斤。

摩洛哥人普遍信仰伊斯兰教,由于禁酒的原因,茶成了他们生活中最重要的饮料。一般人每天要喝三次茶,多的达十余次。茶法既用冲泡也兴煮饮。茶中

习惯加入方糖与薄荷，这在炎热的非洲是一种甘醇清爽的饮料。摩洛哥人招待宾客，都敬献这样的甜茶，酒会后通常要再饮三道茶。摩洛哥人饮茶的茶具也非常讲究，茶壶、茶盘、糖缸都很精致。他们最爱绿茶中的珠茶和珍眉，有人还以珍眉命名自己的别墅，人们甚至以珠茶作为一个南部城市的代名。摩洛哥人的生活已离不开茶，他们将饮茶作为一种十分美好的享受。

茶在传到那些遥远的国度以后，饮用方法多少有了一些改变，有的接近东方饮法，有的则与当地传统融合，产生一些新的饮法。如澳大利亚人要在茶中兑甜酒或牛乳、果汁；阿根廷人以瓢盛茶，用银管吸饮；欧洲北部的普兰人则用大碗盛茶，围坐在一起依次捧喝，这倒有些像唐代的传饮。

中国茶已经传遍了五洲，芳泽滋润着不同肤色人们的心田。茶改变了世界，起到了促进历史进步的作用。茶使天下人多了几分甘甜清爽，也使东西方文化多了一条交融的重要途径。

图书在版编目（CIP）数据

茶盏里的寄托 / 王仁湘著 . -- 太原：三晋出版社，2025.7. -- ISBN 978-7-5457-3130-9

Ⅰ . TS971.21

中国国家版本馆 CIP 数据核字第 2025GZ2449 号

茶盏里的寄托

著　　者：王仁湘	
出版统筹：莫晓东	出　　品：潩文工作室
策　　划：王　甜	责任编辑：王　甜
责任印制：李佳音　王立峰	装帧设计：尚书堂

出 版 者：山西出版传媒集团·三晋出版社
地　　址：太原市建设南路 21 号
电　　话：0351-4956036（总编室）
　　　　　0351-4922203（印制部）

经 销 者：新华书店
承 印 者：河北鑫玉鸿程印刷有限公司

开　　本：889mm×1194mm　1/32
印　　张：8
字　　数：150 千字
印　　数：1-5000 册
版　　次：2025 年 7 月　第 1 版
印　　次：2025 年 8 月　第 1 次印刷
书　　号：ISBN 978-7-5457-3130-9
定　　价：88.00 元

如有印装质量问题，请与本社发行部联系　电话：0351-4922268